U0066136

LE HORS-D'ŒUVRE
法式料理的創新與策略
經典與現代新前菜的完美結合

Lionel Beccat ／ ESqUISSE　工藤 健／ Maison Lafite　川手寛康／ Florilège
柴田秀之／ La Clairière　石井 誠／ Le Musée

大境文化

Introduction

現代的餐廳，菜餚數量衆多的套餐已經成爲常態，
前菜一道接著一道，有時甚至有四道、五道、六道 ...的套餐。

隨之而來，前菜所需要的元素也發生了變化。
更廣泛的食材選擇，明確的訊息傳達，
令人印象深刻的盛裝方式，具有故事性。
要用一句話來定義「前菜」已經變得困難，
前菜的角色已然超越了套餐中 Entrée（意爲「入口」）的概念，
明顯得正在擴大發展。

在這個時候，我們想到了「Hors-d'Œuvre（法語，意爲「開胃菜」）」這個詞。
雖然指的也是前菜，但根據字典的解釋，它特指「冷盤」，
帶有與開胃酒一起享用小點心的形象，
對於某些人來說，可能會有些古老的印象。

然而，如果回到這個詞的原義「非菜單／作品之外」，
那麼是不是又有不同的理解呢？
它不像魚或肉那樣遵循傳統的「作品」框架，
而是主廚可以隨心所欲創作的料理。
如果這是它的本質，
那麼現代可以說是前菜再次回到 Hors-d'Œuvre的時代吧。

從爲主菜暖身的前菜，到自由而不拘泥於傳統「作品之外」的前菜。
透過五位主廚的菜餚，介紹現代前菜的風貌。

目錄

I /

Lionel Beccat
ESqUISSE

II

工藤 健
Maison Lafite

III

川手寬康
Florilège

*79, 81, 85, 87, 91, 93, 97, 99*頁的
*Cocktail*製作：大場文武

IV

柴田秀之
La Clairière

石井 誠
Le Musée

使用本書前

＊本書中的彩色頁面，包含了以步驟照片進行說明的部分食譜。其他搭配、醬汁、完成的組合等食譜，則在後方頁面提供。

＊所列的食材份量是爲了方便製作，或備料而設計的份量。

＊最終成品的口感會受到所使用的食材、調味料和烹飪工具的影響，請根據個人口味進行適當的調整。

＊鮮奶油若沒有特別指定，脂肪含量爲38%。

＊橄欖油若沒有特別指定，使用特級初榨橄欖油。

＊奶油若沒有特別指定，使用無鹽奶油。

I /

LIONEL BECCAT

ESqUISSE

Lionel Beccat主廚的料理非常纖細，風格現代化。

然而令人驚訝的是，在他的廚房裡，手工仍然扮演著主要角色。

不輕易依賴機器與設備，也不因爲方便而使用。

他秉持自己在Troisgros所學，追求法式料理的「職人技巧」，

並希望將其傳承給下一代。

轉變｜魷魚與魚卵

Transformation | Calamar et poutargue

將羅克福乳酪和檸檬甜酒加入味醂粕（みりん粕）製成的醃漬床，將魷魚卷埋入其中浸漬約2個月。味醂粕的發酵效果增強了魷魚和乾燥魚卵的風味，產生了濕潤的口感。用紗布包裹魷魚是爲了在去除味醂粕時不傷及魷魚的表皮。「這道料理的關鍵在於魷魚的柔軟口感。像脫掉一件衣服一樣，要仔細地處理」。

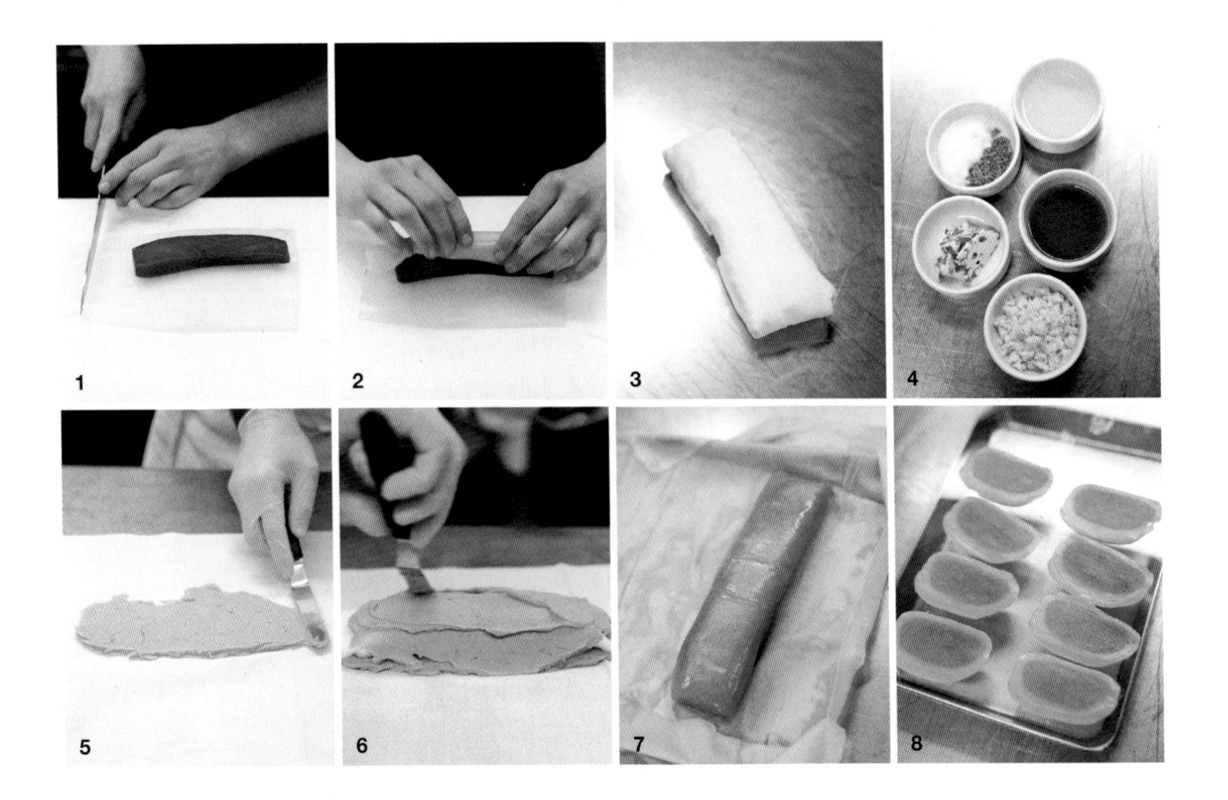

［材料］

魷魚…1尾
乾燥魚子（魚卵）…1片
粕床
- 味醂粕…1.5kg
- 淡口醬油…500g
- 砂糖…250g
- 羅克福乳酪（Roquefort）…100g
- 八角…20g
- 檸檬甜酒（limoncello）…200g

［製作方法（→補充食譜179頁）］

❶ 將魷魚清理並展開成一片。
❷ 在①的魷魚上放乾燥魚卵，修切魷魚的邊緣使其成直線（Ph.1）。
❸ 將魷魚捲起（Ph.2），用紗布包裹（Ph.3）。
❹ 將粕床的材料（Ph.4）混合，使用攪拌機混合均勻。
❺ 在另一張紗布上塗抹④（Ph.5），放上③。上方再塗上粕床（Ph.6），用紗布包裹。 放入袋子中，眞空密封，冷藏1.5個月以上（Ph.7）。
❻ 剝除紗布擦拭魷魚外附著的粕床，然後冷凍，再切成薄片（Ph.8）。自然解凍後即可食用。

熟思｜稚鮎和春蓼

Réflexion | Chiayu et tadé

稚鮎（香魚幼魚）作爲套餐的前菜。香魚幼魚浸泡在小黃瓜水和蘑菇湯中，最後加熱前還會用相同的液體噴灑，以增強風味。使用熱氣槍巧妙地加熱香魚幼魚的各個部位，使其經過最適合的火候處理，以表現出「雖然是香魚幼魚的外觀，但吃起來就像是在品嚐烤香魚一樣」的美味。將香魚幼魚放在蓼醬上，搭配酸爽的芒果一起呈現。

［材料］

香魚幼魚…50尾

醃漬液

- 小黃瓜水[*1]…1L
- 蘑菇汁[*2]…10%
- 鹽…3%

噴霧

- 小黃瓜水…250g
- 蘑菇汁…15g
- 煎酒（煎り酒）[*3]…10g

*1 將小黃瓜放入攪拌機中打碎，然後用濾紙過濾後靜置。

*2 用真空袋將切片的蘑菇和水一起真空處理，以85℃加熱3小時。過濾後煮至濃縮剩原量的3/4。

*3 日本室町至江戶時代流傳下來的調味料，在煮沸的清酒中加入梅乾、柴魚及昆布高湯製成。

［製作方法（→補充食譜179頁）］

❶ 使用約15cm長的香魚幼魚（Ph.1）。將香魚幼魚洗淨並擦乾水分。

❷ 將醃漬液的材料混合，將①的香魚幼魚浸泡30分鐘（Ph.2）。

❸ 擦乾②中的水分，以竹籤串起（Ph.3）。頭部向下，插入用麥芽製成的底座*（Ph.4），放入冷藏庫中晾乾一夜。

❹ 使用夾子等工具打開香魚幼魚的鰓和胸鰭（Ph.5），用熱氣槍烤至頭部和尾部呈金黃色（Ph.6）。

❺ 在150℃的烤箱中烤7分鐘，前後對調烤盤再烤5分鐘（Ph.7, 8）。取出香魚幼魚並去除竹籤備用。

❻ 將香魚幼魚的噴霧材料混合，並倒入噴霧器中。在上菜前，對香魚幼魚的身體和尾部進行噴霧（不噴在頭部），用紅外線烤箱加熱1.5分鐘。

*用於裝飾的材料，如擺飾等。在這裡是將烤好的麥芽蓋上鋁箔使用。

抒情｜肥肝和蘑菇

Lyrisme | Foie gras et champignon

肥肝慕斯被純白的蘑菇包裹，形狀像摺紙一般。這款蓬鬆輕盈的慕斯不僅沒有使用虹吸氣壓瓶或打蛋器，而是利用橡皮刮刀輕輕攪拌，使其充滿空氣。「儘管看似平凡，實際上蘊含著法國料理歷史背後的技術」（Beccat主廚）。搭配蘑菇凍和酒粕味的蘿蔔泥一起享用。

［材料］

肥肝醃漬

肥肝…1個

肥肝醃漬料

- 酒粕…2kg
- 麥味噌…500g
- 清酒（不甜）…500g
- 砂糖…50g

肥肝慕斯

醃漬過的肥肝…200g

鹽…肥肝重量的1%

白胡椒…肥肝重量的0.5%

清酒（不甜）…30g

鮮奶油…120g

［製作方法（→補充食譜179頁）］

肥肝醃漬

❶ 將肥肝醃漬料的材料混合在一起，充分攪拌。

❷ 用紗布包裹肥肝，全面塗上醃漬料（Ph.1）。

❸ 放入袋子中，進行真空處理，放入冰箱中醃漬2天（Ph.2）。

肥肝慕斯

❶ 將醃漬過的肥肝從連接處之間剖開，去除厚血管。

❷ 將①的肥肝放在廚房紙巾上，均勻壓平至約1cm厚，撒上鹽和白胡椒。用刷子塗上清酒（Ph.3），用廚房紙巾包裹起來。

❸ 放入袋子中，進行真空處理（Ph.4），以60℃的水浴加熱30分鐘。取出在室溫下靜置10分鐘，然後放入冰水中迅速冷卻。

❹ 將肥肝中凝固的脂肪去除，用細網篩過濾（Ph.5）。

❺ 將④的材料放入碗中，加入少許九分打發的鮮奶油拌勻（Ph.6），輕輕攪拌。

❻ 當整體混合均勻後，加入剩餘的鮮奶油繼續攪拌（Ph.7）。直到呈現蓬鬆的慕斯狀態即完成（Ph.8）。

和諧｜南瓜和鮭魚卵

Harmonie | Butternut et ikura

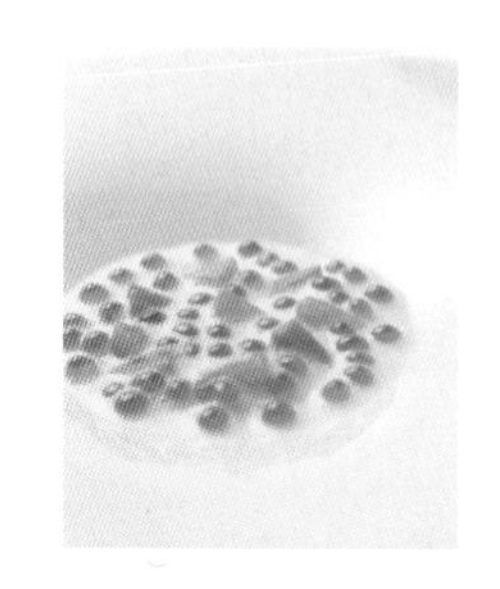

將味道淡雅的南瓜做成南瓜奶凍（blanc mange），搭配魚卵增添鹹味，並以柑橘增添酸味。雖然外觀簡單，但需要3天的精心烹調製作。「這道料理刻意省略了現代人對於"甜味"和"濃郁感"的追求，以別樹一幟的構成呈現。我們希望它能成爲廚房年輕員工學習細緻美味的機會，因此不時地準備這道料理」（BECCAT主廚）。

［材料］

南瓜奶凍基底 Blanc mange

南瓜（butternut）…100g

A
- 雞肉高湯…100g
- 昆布湯…100g
- 甜橙酒（arancello）*…10g
- 柳橙皮…2g
- 柳橙汁…4g
- 黑胡椒…0.2g

＊以橘子皮浸泡的酒

烤南瓜

南瓜…1顆

浸泡液 Crème Infusee

牛奶…500g

鮮奶油…500g

南瓜籽*…100g

＊參考「烤南瓜」食譜

南瓜奶凍

B
- 南瓜奶凍基底…100g
- 烤南瓜…20g
- 浸泡液…50g

片狀明膠…1.36g

鹽…適量

［製作方法（→補充食譜180頁）］

南瓜奶凍基底 Blanc mange

❶ 將南瓜去皮，切成薄片。與A一起放入袋子中，進行眞空處理（Ph.1），以蒸氣對流烤箱85°C加熱1小時。

❷ 使用細孔濾網過濾，分離出液體（Ph.2）。

烤南瓜

❶ 將南瓜用錫箔包裹起來，在250°C的烤箱中烤約1小時15分至1小時30分。將果肉挖空（Ph.3），並保留種籽。

❷ 將果肉過濾（Ph.4）。

浸泡液 Crème Infusee

將所有材料混合（Ph.5）。將混合物放入袋子中，眞空封口，使用70°C的蒸氣對流烤箱加熱1小時。使用細孔濾網過濾。

南瓜奶凍

❶ 將B倒入鍋中（Ph.6, 7），加熱至70°C。用鹽調味，加入水中浸泡軟化的板狀明膠，煮至溶化混合。

❷ 將混合物倒入容器中，放入冰箱冷藏5~6小時，直到凝固（Ph.8）。

純粹｜黃豆和雞油蕈

Pureté | Soja et girolles

這道料理是以法國羅阿訥（Roanne）地區「Troisgros」時期的凝乳料理爲靈感，創作出來的一道豆腐料理。首先將豆乳中帶有乾燥牛肝蕈香氣的部分凝固，然後用塗有榛果油的保鮮膜包裹起來保存。這款柔滑如薄紗般的白豆腐散發出寧靜的氛圍，給人留下深刻印象。在白豆腐的底部，藏著雞油蕈（girolles）、南瓜泥、紅酒和松露醬等美味。

［材料］

豆乳…500g
乾燥牛肝蕈…25g
凝固劑*1…豆乳重量的3%
榛果油
菇蕈高湯（bouillon de champignon）*2
…各適量

*1 凝固劑的用量根據豆乳的濃度而調整，通常在2.5%至3%之間

*2 將乾燥牛肝蕈和水眞空封口，以85℃加熱3小時，再過濾製成。

［製作方法（→補充食譜180頁）］

❶ 將豆乳和乾燥牛肝蕈放入袋子中，進行眞空處理，以40℃的水浴加熱20分鐘，使香氣轉移。然後用濾網過濾。
❷ 在冷卻的狀態下，將凝固劑加入豆乳中並攪拌均勻（Ph.1）。
❸ 將每份45g的豆乳倒入派盤中，使其厚度約爲1mm（Ph.2）。覆蓋上保鮮膜（Ph.3），在71℃的蒸氣對流烤箱中蒸15分鐘。
❹ 在工作檯上鋪保鮮膜，塗上榛果油（Ph.4）。
❺ 當豆腐凝固後，用直徑10cm的圓形壓模將豆腐片壓出（Ph.5），小心避免弄破形狀，然後放在④上（Ph.6）。在上面放浸濕了菇蕈高湯的廚房紙巾，放入冰箱保存（Ph.7, 8）。
❻ 上菜前用90℃的蒸氣對流烤箱蒸30秒。

傳統｜羊乳和海膽

Tradition | Lait de brebis et oursin

凝乳（curd）是一種將酵素加入牛奶中凝結而成的傳統食材，在法蘭西時代就被廣泛使用且深受人們喜愛。在這裡，我們使用北海道新鮮草食羊的乳汁來表現「冬天結束和春天到來」的意境。由於羊乳的味道較為特殊，在日本也並非廣泛使用，因此我們搭配了濃郁的海膽和甜酸金柑的蜜餞作為點綴。並以柑橘油作為調味，使口中的所有元素融合和諧。

［材料］

凝乳的基底
- 羊乳…700g
- 牛奶…300g
- 鮮奶油（乳脂肪含量35%）… 350g

高脂鮮奶油（crème double乳脂肪含量48%以上）…100g
白乳酪（fromage blanc）…50g
凝乳酶（rennet）…15g

［製作方法（→補充食譜181頁）］

❶ 將凝乳的基底材料混合在一起，使用攪拌機攪拌45分鐘。使用前將其恢復至室溫（Ph.1）。
❷ 添加高脂鮮奶油，以低速攪拌（Ph.2）。加入白乳酪，再次攪拌15分鐘（Ph.3）。
❸ 將②過濾，轉移到深盆中（Ph.4），加入凝乳酶並混合。
❹ 倒入模具中，蓋上保鮮膜。為防止結露，開孔釋放空氣，然後在34.2℃的熱水浴中加熱1小時（Ph.5, 6）。

寓言｜苦苣和蜂斗菜

Allégorie | Endive et fukinoto

我們注重苦苣所帶來的苦味，並加入同樣具有苦味特色的蜂斗菜泥。將加熱後保留脆度的苦苣葉片逐一分開，重新組合成盛開花朵的形狀，呈現出華麗的一道菜餚。展現了 Beccat主廚希望提高苦苣價值感的想法，因爲在食材的印象裡，苦苣被視爲沙拉或往往以燜煮的單一烹飪方法，而缺乏多樣性。

［材料］

苦苣…10個
醃汁（使用150g）
- 檸檬汁…300g
- 橄欖油…600g
- 核桃油…300g
- 鹽… 60g
- 抗壞血酸…30g

蜂斗菜碎（→181頁）
鴨皮粉末（→181頁）
松露…適量

［製作方法（→補充食譜181頁）］

❶ 將苦苣和醃汁放入袋子中，進行眞空處理（Ph.1）。以90℃的蒸氣對流烤箱加熱30至35分鐘。
❷ 保持在室溫下約15分鐘，讓其冷卻。然後放入冰水中快速冷卻。
❸ 再次進行眞空處理，使味道更入味，然後取出（Ph.2）。
❹ 將苦苣的葉片一片片分開（Ph.3）。對於較大的葉片，用刀片修整中央膨脹的部分，使厚度均勻（Ph.4）。
❺ 在工作檯上鋪保鮮膜，將大約8片的④依次排列，使每片的側邊重疊，然後將苦苣的芯放在前方（Ph.5）。撒上鹽（Ph.6）。
❻ 直線鋪上蜂斗菜碎、鴨皮粉末和切碎的松露，使用保鮮膜從前方捲起（Ph.7）。
❼ 調整形狀恢復成原本苦苣的外觀（Ph.8），在上菜前再以蒸氣對流烤箱溫熱。

活力｜白蘆筍和鯖魚

Vivacité | Asperge blanche et maquereau

以香氣撲鼻的香茅雞湯烹煮的白蘆筍，將經過火烤處理的白蘆筍以「冷製」方式呈現，「比溫製更具品味和感官享受」（Beccat主廚）。頂部覆蓋的醃漬鯖魚以傳統的「鯖魚紅酒燉煮」爲基礎，使用甲州品種的葡萄酒、雪利酒和血橙等多種酸味層疊的醃漬液重新構建而成。這道料理以鯖魚代替醬汁，搭配脆爽的白蘆筍，讓您享受獨特的味覺體驗。

［材料］

白蘆筍
白蘆筍…10根
鹽…蘆筍重量的0.8%
香茅風味的雞湯*…15g
橄欖油、葛宏德海鹽、馬告…各適量
*將香茅和生薑浸泡在雞湯中，使其帶有香氣

鯖魚的醃漬
鯖魚…2尾
鹽…鯖魚重量的1.2%
醃漬液（→181頁）…800g

［製作方法（→補充食譜181頁）］

白蘆筍
❶ 將白蘆筍的莖部切除並削去外皮。撒上鹽，放置常溫15分鐘。擦乾水分。
❷ 將①中的白蘆筍和香茅風味的雞湯放入袋中，進行眞空處理（Ph.1）。在63℃的水浴下加熱15至20分鐘。
❸ 將袋子放入冰水中迅速冷卻。取出，瀝乾水分（Ph.2）。
❹ 白蘆筍切成一口大小的塊狀（Ph.3），在上菜前淋上橄欖油。撒上葛宏德海鹽和馬告。

鯖魚的醃漬
❶ 將鯖魚切成3片，取出刺。在皮面上用刀子劃出切痕。在魚肉上撒鹽，靜置一段時間（Ph.4），然後擦乾水分。
❷ 將①和醃漬液放入袋子中，進行眞空封口（Ph.5），醃漬2小時。
❸ 將②放入40℃的水浴加熱30分鐘。取出鯖魚，稍微放涼（Ph.6）。
❹ 將鯖魚背肉和腹肉分別切成薄片（Ph.7, 8）。

口感｜綠蘆筍和布拉塔起司

Texture | Asperge vert et burrata

根據Beccat主廚的觀點，以63℃的理想溫度將綠蘆筍以低溫烹調的方式加熱，保持了蔬菜中的葉綠素不受破壞。搭配用文蛤汁稀釋的布拉塔乳酪，以Chou-farci的風格呈現。配上以文蛤裝飾的春季貝類和苦艾酒凍，加入醃梅的酸味作為隱藏的調味料，更突出了綠蘆筍的清新風味。

［材料］

綠蘆筍

綠蘆筍…10根
茴香鹽…蘆筍重量的0.5%
橄欖油…適量

布拉塔醬汁

布拉塔乳酪（burrata）…600g
檸檬油…10g
酸奶油…15g

完成

布拉塔醬汁
大文蛤汁*…各適量
綠蘆筍…1根
大文蛤、本海松貝、苦艾酒凍（noilly jelly）等（→182頁）…適量

＊在烹煮大文蛤時留下的汁液

［製作方法（→補充食譜181頁）］

綠蘆筍

❶ 綠蘆筍去皮，撒上茴香鹽並輕輕按摩（Ph.1）。靜置15至20分後，擦乾水分（Ph.2）。
❷ 將①和橄欖油放入袋中，進行真空封口，以63℃的蒸氣對流烤箱加熱15至20分鐘（Ph.3）。
❸ 放入冰水中迅速冷卻（Ph.4），取出後將綠蘆筍切成長約18cm的段。

布拉塔醬汁

擦乾布拉塔的水分，然後使用攪拌機攪打（Ph.5）。依次加入檸檬油和酸奶油，再次攪打均勻（Ph.6）。

完成

❶ 將布拉塔醬汁和文蛤汁以1:1的比例混合在一起（Ph.7），然後過濾。
❷ 將①沾裹纏繞在綠蘆筍的下半部。
❸ 將大文蛤殼內填入文蛤肉、本海松貝等食材，並淋上苦艾酒凍。淋上①（Ph.8）。

喜悅｜羊肚蕈和黃酒

Plaisir | Morille et vin jaune

「在法國，據說如果在農田上進行焚燒作業，次年就會在那個地方長出羊肚蕈。」這是 Beccat主廚提到的回憶。以這樣的記憶爲提示，將羊肚蕈的一面用噴槍燒炙，賦予焦香。同時，搭配煮至濃稠的黃酒醬和溫度控制的鵪鶉蛋，整盤菜餚都是爲了讓羊肚蕈更加美味。「如果不考慮成本的話，使用麥稈酒（Vin de Paille）烹煮的醬汁效果最好。」

［材料］

羊肚蕈

羊肚蕈…適量
奶油…適量

A
- 黃酒…50g
- 雞清湯（consommé）…175g
- 蘑菇汁（jus de champignon）…25g

鵪鶉蛋

鵪鶉蛋…適量
醃漬汁
- 黃酒（vin jaune）…750g
- 黑蒜泥…80g
- 砂糖…8g
- 鹽…5g

黃酒醬

黃酒醬的基底（→182頁）…200g
雞清湯*1…200g
鮮奶油*2…400g
發酵奶油…40g
黃酒…10g
鹽、白胡椒…各適量

*1 煮至濃縮爲1/3量
*2 煮至濃縮爲1/2量

［製作方法（→補充食譜182頁）］

羊肚蕈

❶ 將羊肚蕈用水沖洗乾淨並風乾。將羊肚蕈排列在烤盤上，用噴槍輕輕燒烤，使單面稍微燒焦（Ph.1）。
❷ 在鍋中加熱奶油，炒①的羊肚蕈（Ph.2）。逐次加入混合好的A，將鍋底精華溶出 déglacer（Ph.3, 4）。

鵪鶉蛋

❶ 製作醃漬汁。將黃酒煮至剩下原量的1/3，加入其他材料並攪拌均勻。
❷ 將回溫的鵪鶉蛋放入溫度68.7℃的水中加熱煮7分鐘，去殼（Ph.5）。將鵪鶉蛋浸泡在①中，靜置一天（Ph.6）。

黃酒醬

❶ 將黃酒醬的基底和雞清湯混合（Ph.7），煮至量減少一半。
❷ 加入鮮奶油和發酵奶油並攪拌至滑順。用鹽和白胡椒調味，並以黃酒調出香氣（Ph.8）。

韻｜明蝦和紅菊苣

Rimes | Kuruma ebi et trévise

明蝦被 Beccat 主廚形容爲「有女性特質、具氣勢和力量感，是一種他喜愛的食材」。爲了突顯明蝦的甜味和香氣，他使用了北義大利傳統「甜酸風味」製作的紅菊苣。將紅菊苣用白板昆布固定，然後浸泡在混合多種醋和香料的醃汁中，是這道菜的重要組成，「如果沒有紅菊苣，這道菜就無法成立」。

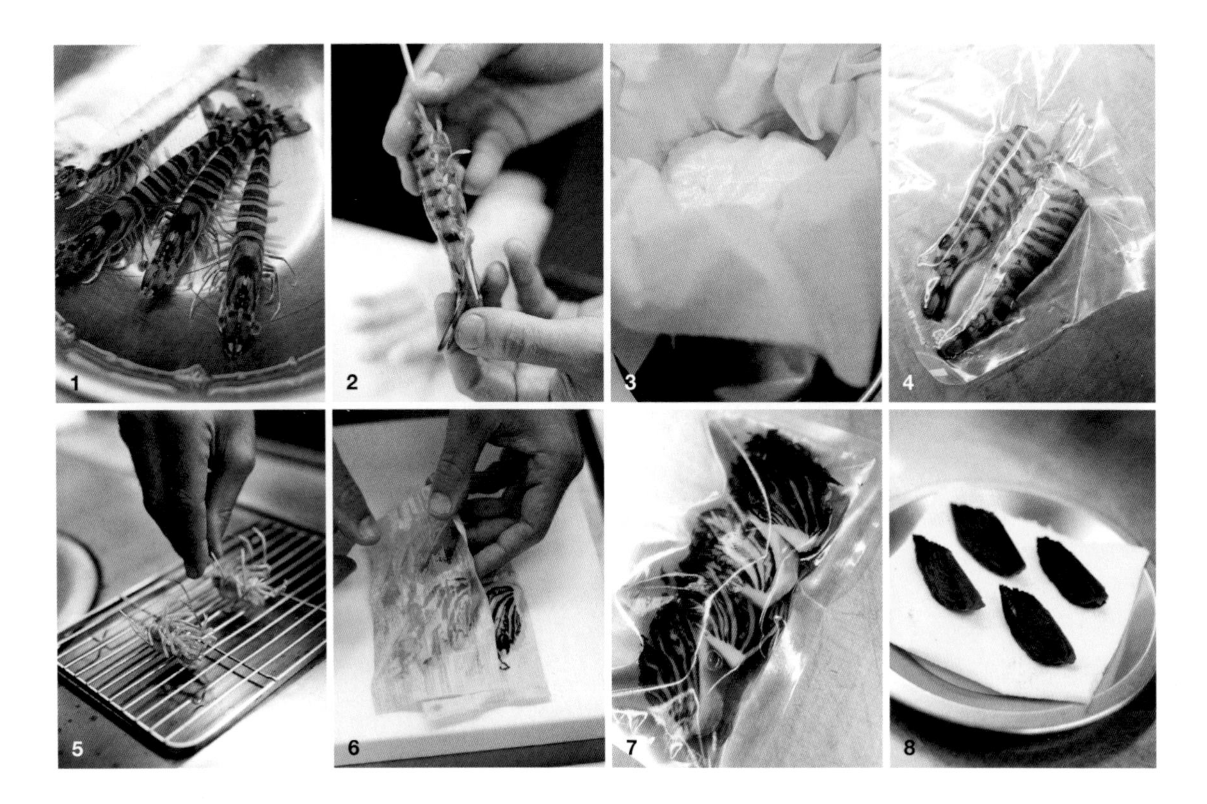

［材料］

明蝦

明蝦…8隻
乳清…200g
鹽…2g

紅菊苣

紅菊苣…1個
醃汁

A
- 蘋果酒醋…150g
- 覆盆子醋…400g
- 白色香醋（white balsamic vinegar）…200g
- 石榴糖漿…75g
- 蜂蜜…300g
- 洋蔥（切成薄片）…300g

B
- 八角…30g
- 丁香…20顆
- 白胡椒粒…20粒
- 肉桂棒…30g

白板昆布
橄欖油
魚高湯…各適量

［製作方法（→補充食譜183頁）］

明蝦

❶ 明蝦（Ph.1）去除蝦頭、腸泥，蝦頭預留備用。
❷ 在蝦腹側刺入竹籤（Ph.2）。
❸ 在鋪有紗布的篩網放入優格（材料表外），靜置使乳清瀝出（Ph.3）。
❹ 將明蝦、乳清和鹽放入袋中，抽眞空（Ph.4）。以88℃蒸氣對流烤箱加熱20分鐘，然後迅速冷卻。在上菜前剝去蝦殼。
❺ 蝦頭以200℃熱油油炸，放在網架上下墊金屬盤（Ph.5），瀝乾油份。

紅菊苣

❶ 製作醃汁。將**A**放入鍋中加熱至沸騰，同時撈除浮沫，加熱5分鐘後加入**B**，以小火煮45分鐘。靜置一整天後過濾。
❷ 將紅菊苣切成四等分，用白板昆布夾住靜置2小時（Ph.6）。
❸ 去除白板昆布，將紅菊苣的②放入袋子中，倒入①的醃汁，進行眞空處理（Ph.7）。在88℃的蒸氣對流烤箱中加熱20分鐘，然後迅速冷卻。
❹ 取出③的紅菊苣（Ph.8），在預熱的平底鍋中加熱橄欖油，煎炒。加入魚高湯將鍋底精華溶出（déglacer）。

渴望｜豬腳和赤貝

Envies | Pied de cochon et coquillage

豬腳和赤貝——這似乎是一個意想不到的組合，但根據 Beccat 主廚的說法，就像傳統料理中結合牡蠣和馬肉一樣，具有礦物感的赤貝和濃郁的肉或內臟，是命中注定要結合的材料。作爲醬汁的「酒粕湯」是由蜆湯和豬腳煮汁混合而成，加入少量酒粕。這種湯融合了多種美味，具有包容力的風味，能夠將兩種獨特的材料融合在一起。它扮演著將兩種個性鮮明的食材結合的角色。

［材料］

豬腳高湯

豬腳⋯6隻
西洋芹⋯400g
胡蘿蔔⋯300g
洋蔥⋯250g
番茄⋯2個
白葡萄酒⋯500g
乾香菇⋯25g
昆布⋯20g
水⋯適量

蜆高湯

蜆⋯1kg
雞湯⋯1L

酒粕湯

A
- 豬腳高湯⋯30g
- 蜆高湯⋯30g
- 豆奶⋯7g
- 酒粕⋯3g
- 發酵奶油⋯5g
- 雪利酒醋⋯0.8g

鹽、胡椒⋯適量

［製作方法（→補充食譜181頁）］

豬腳高湯

❶ 將豬腳處理乾淨，將蔬菜切成適當大小。
❷ 在大鍋中放入所有材料，加入足夠的水，放在火上加熱。待水煮沸後，撇去浮沫，蓋上鍋蓋，煮沸3小時。
❸ 將鍋離火，放置1小時使其冷卻，然後取出豬腳（Ph.1）。
❹ 將煮汁過濾並煮至濃縮爲原量的1/4。再次過濾（Ph.2）。

蜆高湯

❶ 先洗淨蜆，與雞湯一起放入鍋中加熱（Ph.3）。當水開始沸騰時，撇去浮沫（Ph.4）。
❷ 使用濾紙過濾（Ph.5）。

酒粕湯

❶ 將**A**的所有材料放入鍋中（Ph.6, 7），然後開火加熱（Ph.8）。
❷ 用打蛋器攪拌，使其煮沸。最後用鹽和胡椒調味。

直覺 | 扇貝和洛克福

Intuition | Saint-Jacques et Roquefort

在傳統的法國料理中，常使用各種方法來呈現扇貝的細緻風味。然而，對於 Beccat 主廚來說，他在新宿的一家居酒屋品嚐到爐端燒扇貝後，對其豪邁的一面產生了革命性的轉變。他使用了酒粕、洛克福乳酪和牛肝蕈等濃郁的煮汁來加熱扇貝，最後在表面用薑味奶油煎烤，打造出粗獷的"居酒屋"風格。

[材料]

扇貝（活的）…10個
煮汁基底（使用900g）
- 酒…1L
- 酒粕…70g
- 洛克福乳酪…15g
- 乾燥牛肝蕈…15g

昆布高湯…500g
雞高湯…500g
薑味奶油*
鹽…各適量

*將切碎的薑拌入奶油中

[製作方法（→補充食譜183頁）]

❶ 製作煮汁的基底。將酒、酒粕和洛克福乳酪放入攪拌器中混合攪拌。
❷ 將①放入鍋中，加入乾燥牛肝蕈（Ph.1），用小火加熱至80°C。使用漏網過濾。
❸ 將②、昆布高湯和雞高湯混合。
❹ 澈底清洗扇貝的殼，用錫箔紙包裹貝殼接合處，以防貝殼在加熱時張開（Ph.2）。
❺ 將扇貝放入袋中，倒入③的液體（Ph.3）。眞空密封，在52°C的水浴中加熱30分鐘。
❻ 打開⑤的扇貝殼，取出貝柱和裙邊（Ph.4）。裙邊用水沖洗乾淨，保留貝殼中的湯汁。
❼ 在不沾鍋中炒煮裙邊（Ph.5）。倒入保留的湯汁，稍微煮至濃縮（Ph.6）。過濾後，成爲扇貝高湯（後續使用）。
❽ 在不沾鍋中煎扇貝貝柱（Ph.7）。煎至略帶焦色後，暫時取出，然後在同一鍋中加熱薑味奶油。奶油轉變爲焦香時，將貝柱放回鍋中，煎至半熟（Ph.8）。用鹽調味。

無常｜魷魚和野菜

Éphémère | Calamar et Sansaï

煎炒帶卵的魷魚搭配蜂斗菜（フキノトウ）、莢果蕨（コゴミ）、遼東楤木（タラの芽）和蕨菜（ワラビ）等野菜的組合。以濃郁鮮味的魷魚湯爲基礎的醬汁中，加入溶化的明太子增添豐富口感，並以檸檬甜酒提升鮮味。模擬水墨畫的花紋，靈感源自被釣上來的魷魚所噴出的墨汁，象徵著「魷魚已死，不會再返」的意境（Beccat主廚）。

［材料］

魷魚醬

魷魚高湯[*1]…300g
蔬菜高湯[*2]…100g
明太子…30g
奶油…300g
酸奶油…50g
檸檬甜酒（limoncello）…12g
海藻糖（trehalose）…6g
鹽、白胡椒…各適量

*1 煮至濃縮成2/3量

*2 煮至濃縮成1/2量

野菜

蜂斗菜（フキノトウ）、莢果蕨（コゴミ）、遼東楤木（タラの芽）和蕨菜（ワラビ）…各適量
昆布高湯（鹽分濃度0.8%）…適量
蔬菜高湯[*2]…適量
野菜
- 蜂斗菜…25個
- 醃汁
  - 白色香醋…180g
  - 酒…100g
  - 生魚片醬油…35g
  - 水…70g
  - 海藻糖…5g
- 奶油
- 柳橙醬…各適量

［製作方法（→補充食譜184頁）］

魷魚醬

❶ 將魷魚高湯和蔬菜高湯混合，加入明太子（Ph.1）。在加熱的過程中不斷搗碎明太子，使其釋放出味道，然後過濾（Ph.2）。

❷ 將①的混合物再次倒入鍋中，加入奶油（Ph.3）。用中火加熱，同時攪拌，煮至濃稠。

❸ 加入酸奶油並攪拌均勻。加入檸檬甜酒和海藻糖（Ph.4），並撒上適量的鹽和白胡椒調味。

野菜

❶ 製作野菜。將醃汁的材料混合在一起，煮沸後冷卻。蜂斗菜以180°C油炸，將油瀝乾後放入醃汁中浸泡一天（Ph.5）。

❷ 將①的蜂斗菜瀝乾，放入攪拌器中打碎。將奶油和柳橙醬混合，與蜂斗菜泥一起攪拌均勻（Ph.6）。

❸ 用昆布高湯煮野菜，放入冷的昆布高湯中浸泡避免野菜變色。將浸泡過的野菜炒熟（Ph.7）。加入蔬菜高湯拌勻（Ph.8）。

再生｜水針魚和油菜花

Regain | Sayori et nanohana

這道料理嘗試將日本料理和壽司中常見的食材水針魚，以法國料理的技法加以運用。使用比較小一號的水針魚（約20~25cm長），並透過對食材的加工處理來創造價值，展現法國料理的哲學。在加熱之前，先在魚皮上塗抹芹菜油，靜置5~10分鐘是關鍵步驟，這樣可以使魚的油脂浮出，並讓肉質變得更緊實，使風味更上一層樓。

［材料］

水針魚…10尾
水針魚的醃料
- 昆布高湯…500g
- 番茄汁…250g
- 砂糖…26g
- 鹽…52g

芹菜油…適量

［製作方法（→補充食譜184頁）］

❶ 準備長約20~25cm的水針魚（Ph.1），切去頭部並取出內臟。在冰水中沖洗，同時用牙刷輕輕擦拭腹部的黑色膜以去除（Ph.2）。
❷ 將身體打開，取出中骨並切除腹骨（Ph.3）。
❸ 將醃料的材料混合在一起。將②的水針魚浸泡在醃料中，每隔15分鐘翻面一次（Ph.4），取出後瀝乾水分。
❹ 將水針魚的身體縱向切成兩半（Ph.5），確保每片都帶有尾部。
❺ 在放有網架的容器上放水針魚，在魚皮上塗抹芹菜油（Ph.6），靜置5分鐘。
❻ 以紅外線烤箱（Salamander）加熱20秒後進行擺盤（Ph.7, 8）。

野性｜肥肝和甲魚

Animalité | Foie gras et Suppon

Beccat主廚的甲魚料理始於大約兩年前。在那之前，他花了10年的時間才對其美味產生興趣並理解。這道料理將煎烤的甲魚搭配水芹和黑蒜泥醃漬的肥肝，並附上清澈的湯汁，構成了一道以「沼澤水域的風景」爲靈感的菜餚。著重於展現甲魚肉特有的「獨特風味和透明感」，這是Beccat主廚認爲的特色。

［材料］

甲魚

預先處理的甲魚（→184頁）
橄欖油、奶油
洋蔥麵包粉*、西洋菜泥
腰果、鹽…適量

＊將洋蔥粉和麵包粉混合而成

肥肝的醃漬

肥肝…1付
醃漬料
- 黑甘蔥泥…150g
- 黑蒜泥…50g
- 紫蘇青醬…70g
- 酸葡萄汁（verjus）…15g
- 鹽…5g

［製作方法（→補充食譜184頁）］

甲魚

❶ 將預先處理好的甲魚裙邊切成一口大小，甲魚肉切成約7mm的塊狀。
❷ 在倒有橄欖油的煎鍋中加熱，放入甲魚裙邊並用大火煎炒（Ph.1）。當出現香脆的香氣時，加入甲魚肉繼續煎炒（Ph.2）。
❸ 加入冷奶油，待奶油融化後加入洋蔥麵包粉（Ph.3）。用鹽調味。
❹ 在碗中將③、西洋菜泥、烤熟並磨碎的腰果混合，拌勻（Ph.4）。

肥肝的醃漬

❶ 將所有的醃漬材料混合在一起（Ph.5）。
❷ 在烘焙紙上塗①，將切成1.5mm厚的肥肝放在上方並包裹起來（Ph.6）。
❸ 將②放入袋子中，輕輕地進行眞空處理，進行2天的醃漬（Ph.7）。在60℃的水浴中加熱30分鐘，然後擦拭乾淨醃漬料（Ph.8）。

II /

KEN KUDO

Maison Lafite

在自然豐富的日本福岡縣那珂川市
工藤 健主廚在2008年開設了餐廳。
自那時起的十多年間，不斷探索當地的食材，
加深與生產者的聯繫，並持續精進料理。
不隨波逐流，但柔軟的風格使得工藤主廚的餐廳
至今仍吸引著來自全國的客人，
他的風格依然保持著輕盈且自在。

甜椒清湯

利用溫泉的熱能栽培的「溫泉甜椒」。以這種肉厚且充滿精華的甜椒，製作「清澈透明如一番高湯的甜椒清湯」（工藤主廚），並以冷盤形式作爲套餐的第一道菜。關鍵就在甜椒上撒海藻糖，利用滲透壓原理萃取出清澈的液體。用紅色、黃色和橙色的甜椒分別製作不同顏色的清湯，並隨機供應，讓客人享受色彩的樂趣。

［材料］

甜椒（紅色、黃色、橙色）… 各7個
海藻糖（Trehalose）… 12g
檸檬汁 … 適量

［製作方法］

❶ 將甜椒切成寬約3~4cm（Ph.1），去除內部白色的囊與籽使其變平整。
❷ 將皮朝上排列在烤盤上，使用紅外線烤箱＊烤至皮完全變成黑色（Ph.2, 3）。
❸ 將②的甜椒去皮並冷卻（Ph.4, 5）。
❹ 將③的甜椒切成粗粒狀，撒上海藻糖和檸檬汁，放入袋子中，進行眞空處理（Ph.6）。
❺ 在75~80℃的蒸鍋中蒸1個半小時。將液體經過篩網自然過濾（Ph.7）。
❻ 過濾後，留下的甜椒（Ph.8）可以再次進行1個半小時的蒸煮，獲得第二道清湯（這次只使用第一道清湯）。

＊使用遠紅外線輻射熱作爲熱源，ユ一京都公司製造的「電炭無煙烤箱」

Snack
南瓜與海膽、當地啤酒和馬肉

在 Maison Lafitte，套餐的開頭準備了午間2種、晚間4種的小點心。紫色的小點心是以貝涅(Beignet)麵糊爲基底，搭配馬肉塔塔和白乳酪；黃色的小點心則是以南瓜風味的麵糊搭配海膽。貝涅麵糊使用了福岡產的地方啤酒，而南瓜麵糊則是在使用虹吸氣壓瓶擠出後再以微波加熱，著重於麵糊本身的口感變化。

[材料]

南瓜小點

南瓜泥*…160g
全蛋…250g
泡打粉…1小匙
香魚魚露…8g
米粉…10g
蛋白粉(albumin)…4g

*將去皮的南瓜放入雞湯、鮮奶油和牛奶中煮至軟，然後使用攪拌機打成泥狀。

當地啤酒小點

啤酒
(いとしまBEER)…140cc
低筋麵粉…90g
乾酵母(Dry yeast)…8g
鹽…3g
砂糖…3g

[製作方法(→補充食譜185頁)]

南瓜小點

❶ 將所有材料放入攪拌機中充分攪拌均勻(Ph.1)。過篩後裝入虹吸氣壓瓶。
❷ 擠入高約5cm的三角形模具(Ph.2)，以1000W的微波爐加熱30秒。從模具中取出後放涼(Ph.3)。
❸ 放入食品乾燥機中，乾燥至變脆。
❹ 切成縱向1.5cm×橫向2.5cm×高度1.5cm的大小，進行裝飾(→185頁)(Ph.4)。

當地啤酒小點

❶ 將所有的材料一起放入深盆，使用手持攪拌器充分攪拌均勻(Ph.5)。使其在室溫下發酵約2小時。
❷ 將①過濾後，裝入虹吸氣壓瓶中。
❸ 將麵糊擠入湯匙(Ph.6)，放入中溫的米油中(材料表外)，炸至酥脆(Ph.7)。用廚房紙巾吸去多餘的油，進行裝飾(→185頁)(Ph.8)。

莫札瑞拉、檸檬、毛豆醬

這道菜以新鮮的莫札瑞拉乳酪與毛豆醬一同享用。毛豆醬是由毛豆、洋蔥和義式培根（pancetta）煮成，以最大程度地提升風味。它呈現出比淡綠色更濃郁的口感。在最後的裝飾加入橄欖油、糖漬檸檬，以增添辛辣和酸甜的風味。用水芹（cress）的嫩芽點綴在莫札瑞拉乳酪上，完成這道菜。

［材料］

<u>毛豆醬</u>

毛豆…200g
毛豆的浸泡水…800cc
洋蔥…1個
義式培根（pancetta）…100g
白葡萄酒
橄欖油
鹽…各適量

［製作方法（→補充食譜186頁）］

❶ 毛豆需要浸泡在水中一晚以軟化。
❷ 在鍋中加熱橄欖油，炒香洋蔥薄片。剝去毛豆的外皮，加入鍋中，注入足夠的浸泡水（Ph.1）。保留剩下的浸泡水。
❸ 將義式培根切片。在煎鍋中煎至香脆（Ph.2），將培根夾出加入②的鍋中。
❹ 用白葡萄酒將鍋底精華溶出（déglacer），並煮至收汁（Ph.3），倒入②的鍋中（Ph.4）。煮約20分鐘，直到毛豆變軟。
❺ 從鍋中取出義式培根，將毛豆和煮汁放入攪拌器中（Ph.5）打勻。用濾網過濾，使其成爲滑順的醬汁（Ph.6）。
❻ 用保留的毛豆浸泡水⑤煮義式培根（Ph.7）。
❼ 將⑤的毛豆醬以⑥的培根煮汁調整濃稠度（Ph.8）。

仔鹿和筍的熟肉醬、金蓮花

在綠色的器皿上，散布著各種大小不一的金蓮花葉。實際上，我們食用的是葉子下的一片，內含鹿肉的熟肉醬、竹筍和酸奶油。熟肉醬的口感與金蓮花葉的微辛風味非常相襯。深棕色的粉末是中東調味料杜卡（Dukkah），由芝麻、榛果和小茴香籽等混合而成。堅果的香氣與野味結合得十分完美。

［材料］

仔鹿的熟肉醬（rillettes）

仔鹿切下的邊角肉（端肉）…1kg
鹽
胡椒
百里香（粉末）
大蒜油
橄欖油…各適量
洋蔥…1個
紅葡萄酒（法國梅多克 Médoc產）
月桂葉
鹿脂…各適量

完成

金蓮花的葉子…1片
白乳酪（fromage blanc）
杜卡（Dukkah）…各適量

［製作方法（→補充食譜185頁）］

仔鹿的熟肉醬（rillettes）

❶ 將仔鹿的邊角肉清理乾淨，撒上鹽、胡椒、百里香和大蒜油。放入盤中，蓋上保鮮膜，醃3小時。
❷ 在倒有橄欖油的煎鍋中煎炒①的肉（Ph.1）。
❸ 在另一個倒有橄欖油的鍋中煎炒洋蔥薄片，待洋蔥變透明後加入②。
❹ 紅酒倒入②的煎鍋，然後倒入③（Ph.2）。再加入足夠的水、月桂葉和鹿脂，蓋上鍋蓋，用小火燉煮約3小時（Ph.3）。
❺ 將④過濾，分開肉和煮汁（Ph.4）。將煮汁煮至濃稠（Ph.5）。
❻ 將⑤的肉（去除月桂葉）和煮汁放入食品處理器中攪打成熟肉醬（Ph.6, 7）。

完成

將白乳酪塗抹在金蓮花葉上，放上仔鹿的熟肉醬和特色配料（→186頁），然後捲起。再撒上杜卡香料粉。

鯛魚、青紫蘇、茄子

綠色的球看起來像苔玉，是用炸過並去除水分的青紫蘇所製成。在酥脆的炸紫蘇下，藏著用鹽昆布粉和柑橘果汁醃製的石鯛薄片，和帶有青紫蘇風味的茄子泥。在品嚐時，請將所有素材一起入口，享受多樣的口感和風味所交織而成的複合滋味。「鯛魚也可以用嘉鱲魚替代，同樣美味」(工藤主廚)。

[材料]

青紫蘇油…300cc
- 青紫蘇…約100片
- 米油…300cc

鹽…適量
茄子…2根
魚高湯…400cc
鰹魚高湯*…100cc
*用酒和醬油調味而成

[製作方法(→補充食譜186頁)]

❶ 青紫蘇油的製作。將青紫蘇切成細絲，用中溫米油炸至起泡，且油泡變細(Ph.1)。
❷ 當紫蘇油泡變得細緻時(Ph.2)，撈起放在鋪有廚房紙巾的盤子上，去除多餘的油份(Ph.3)，撒上鹽。
❸ 使用相同的油，分批炸青紫蘇。當紫蘇的顏色和香氣都轉移到油中時，將青紫蘇油濾出(Ph.4)。
❹ 在平底鍋中倒入大量的③青紫蘇油，加熱。將茄子剝皮，切成1cm厚度的片狀，放入平底鍋中煎炸(Ph.5)。
❺ 當茄子吸收油份並呈現出香脆的焦色時，翻面並繼續煎炸。兩面都煎至焦色後，放在網篩中瀝乾油份(Ph.6)。
❻ 在鍋中加入⑤的茄子、魚高湯(省略解說，倒入鰹魚高湯)，用小火煮至軟爛(Ph.7)。
❼ 將⑥放入食物處理機中，粗略的打成泥狀。移到碗中，下墊冰塊降溫並攪拌，使其稍微冷卻(Ph.8)。

牡蠣、番茄、米醋

將牡蠣浸泡在乾燥番茄還原的浸泡液中，然後用蒸鍋加熱。將蒸煮的汁液製成凍，並與牡蠣肉一同盛在牡蠣殼中。加入切成小丁狀的黃瓜和塔斯馬尼亞芥末（Tasmanian Mustard），並在米醋中加入香魚魚露和糖，形成泡沫，放在牡蠣上。在蒸煮時，工藤主廚通常會使用多個蒸鍋，而不是蒸烤箱。他解釋：「這樣有助於進行個別的溫度調節，靈活操作而且不會使食材的味道流失，具有很多優點」。

［材料］

蒸牡蠣
牡蠣⋯10個
乾燥番茄⋯30g
熱水⋯300cc

牡蠣凍
「蒸牡蠣」的蒸煮汁⋯300cc
檸檬汁⋯適量
明膠片⋯3g

［製作方法（→補充食譜187頁）］

蒸牡蠣
❶ 將牡蠣從殼中取出（Ph.1），洗淨並清理乾淨，去除水分。
❷ 將切碎的乾燥番茄浸泡在約80℃的熱水中（Ph.2）。
❸ 將牡蠣放入碗中，慢慢過濾倒入②的浸泡液（Ph.3）。
❹ 在50℃的蒸鍋中蒸45分鐘（Ph.4）。蒸煮完成後，倒入鋼盆下墊冰水迅速冷卻（Ph.5）。

牡蠣凍
❶ 將蒸煮牡蠣的湯汁過濾，加入檸檬汁（Ph.6）。加入事先浸泡在水中還原的明膠片，輕輕加熱以溶解。
❷ 將混合液過濾，然後整個碗放在冰水上，使其稍微凝固（Ph.7, 8）。

章魚、豬背脂、紅椒

將柔軟的章魚浸泡在鰹魚高湯中蒸煮，然後與帕馬森乳酪（Parmigiano）風味的醬汁拌勻，搭配培根、番茄和先煮再油炸的島原洋麵一同盛盤。章魚的預先處理非常重要，先汆燙再浸泡在冰水中，使黏液凝固，去除污垢時不要揉搓，這樣能保持外皮的完整。在蒸煮前用針刺穿是爲了防止在加熱過程中外皮破裂脫落。

［材料］

章魚…1杯
鰹魚高湯＊…適量
＊用酒和醬油調味

［製作方法（→補充食譜187頁）］

❶ 將事先冷凍的章魚放入流水中解凍（Ph.1）。
❷ 用熱水汆燙（Ph.2）。當白色黏液浮出時，撈起並浸入冰水中（Ph.3）。注意不要損傷外皮，小心地去除凝固的黏液。
❸ 將汆燙過的章魚足切下（Ph.4），用金屬籤均勻刺入小孔（Ph.5）。
❹ 將③中的章魚足放入碗中，倒入預熱至90℃的鰹魚高湯（Ph.6），在90℃的蒸鍋中蒸1個半小時（Ph.7）。
❺ 當章魚變得柔軟時，完成（Ph.8）。將其保存在蒸汁中。

蛤蜊、香蕉、百香果

將福岡產的蛤蜊和鹿兒島產的「神香蕉（神バナナ）」搭配在香蕉葉上的玻璃器皿中。這個組合可能讓人感到意外，但根據工藤主廚的說法，「神香蕉是一種可以連皮食用的香蕉，具有濃郁的美味，因此很容易與貝類搭配」。經過奶油燉煮蛤蜊的濃厚風味，和用發酵奶油煎炒香蕉的甜味，透過濃縮的百香果帶來的甜酸口感相互結合，展現出人意料之外的完美搭配。

［材料］

香煎蛤蜊
蛤蜊…20個
蛤蜊高湯*1…1L
鮮奶油…150cc
發酵奶油
檸檬汁… 各適量

煎香蕉
香蕉（神香蕉*2）…1根
發酵奶油
百香果果汁… 各適量

*1 指加入蛤蜊蒸煮的湯來增添味道
*2 是鹿兒島縣生產的一種香蕉品牌，無農藥栽種，可連皮一起食用

［製作方法（→補充食譜187頁）］

香煎蛤蜊
❶ 將清洗過的蛤蜊浸泡在50℃的鹽水中，使貝殼打開（Ph.1）。
❷ 砂泥排出後，取出蛤蜊肉，並進行清洗（Ph.2）。
❸ 蛤蜊肉加入鮮奶油煮沸。撈除浮沫後，調至小火，將蛤蜊煮3分鐘（Ph.3）。
❹ 取出蛤蜊，放入盤子中稍微冷卻（Ph.4）。
❺ 在平底鍋中加熱發酵奶油，使其成爲榛果奶油（buerre noisette）。輕輕香煎蛤蜊（Ph.5），用檸檬汁進行調味。

煎香蕉
❶ 剝去香蕉的皮，切成一口大小的塊狀（Ph.6）。
❷ 在平底鍋中加熱發酵奶油，使其成爲榛果奶油。將香蕉放入以高溫煎炒（Ph.7）。
❸ 當香蕉煎至焦糖色時，取出與煮至濃縮的百香果果汁混合（Ph.8）。

烏賊、甜菜根、羽衣甘藍

盤中的紅是由甜菜根和烏賊組成。將切成細條的甜菜根與沙拉醬混合，讓顏色轉移，然後加入同樣切成細條的烏賊拌勻。這樣甜菜根的顏色就會融入烏賊，整個盤子呈現濃濃的紅。生甜菜根的脆爽口感，搭配烏賊的濃郁甜味，最後撒上的乾燥甜菜根提供香脆的嚼感，讓味道增添了深度。

［材料］

甜菜根脆片

甜菜根…1個

烏賊和甜菜根

甜菜根…1個

沙拉醬（→188頁）…適量

烏賊…1杯

［製作方法（→補充食譜188頁）］

甜菜根脆片

❶ 將甜菜根去皮，用切片機刨成非常薄的片狀（Ph.1, 2）。

❷ 將切好的片狀甜菜根切成半圓形，排列在鋪有烘焙紙的烤盤上（Ph.3）。放入食品乾燥機中，乾燥至脆脆的狀態（Ph.4）。

烏賊和甜菜根

❶ 將甜菜根去皮，切成2mm寬的絲（Ph.5）。

❷ 在切好的甜菜根上加入適量的沙拉醬，輕輕攪拌均勻（Ph.6）。待甜菜根的紅色轉移到沙拉醬中，撈出甜菜根。

❸ 將剩下的沙拉醬放入碗中，用打蛋器攪拌混合，使其再次乳化（Ph.7）。

❹ 清潔處理好的烏賊，切出細小刀痕，再切成5mm寬的絲狀（Ph.8）。將烏賊絲與③的沙拉醬混合拌勻。

鮑魚、肝臟沙巴雍、草本油

蒸熟的鮑魚搭配以貝類高湯製成的沙巴雍(sabayon)。這看似傳統的料理方式,加入了「鮑魚肝醬油漬」而成爲關鍵。蒸熟的鮑魚肝浸泡在醬油和味醂的調味汁中超過一週的時間,使得沙巴雍散發出深厚的香氣和美味。芥末花和葉增添了一抹辛辣,而香草油則帶來了一絲清新的香氣,使整道菜色彩鮮明而爽口。

[材料]

蒸鮑魚
黑鮑魚…4個
醬油…100cc
味醂…100cc

鮑魚肝沙巴雍(sabayon)
貝類高湯*…75cc
蛋黃…75g
奶油…75g
檸檬汁…適量
鮑魚肝醬油漬…適量

*收集蛤蜊或文蛤蒸煮時的湯汁,保留至使用時

[製作方法(→補充食譜188頁)]

蒸鮑魚
❶ 黑鮑魚使用50℃的溫水洗淨並清除污垢。
❷ 將黑鮑魚放入62℃的蒸鍋中蒸40分鐘(Ph.1)。
❸ 將身體從殼中取出並進行清潔,將鮑魚肉和肝分開(Ph.2)。
❹ 將肝臟浸泡在混合了醬油和味醂的液體中,在冰箱浸泡醃漬一週以上(Ph.3)。
❺ 將鮑魚肉切成一口大小(Ph.4)。

鮑魚肝沙巴雍
❶ 將貝類的蒸煮湯汁、蛋黃和融化的奶油放入碗中混合(Ph.5),隔著熱水加熱用打蛋器攪打,打發變得濃稠時,可以加入檸檬汁,然後用篩網過濾(Ph.6)。
❷ 將鮑魚肝醬油漬撈出瀝乾,加入①混合(Ph.7, 8)。

蟹、米、香菇

工藤主廚常常將米飯或義大利麵等料理融入菜單，以創造出一種「熟悉的元素」，這是他的一貫作法。這道菜的概念是工藤主廚獨創的「蟹飯」，將蒸煮的梭子蟹、以甲殼類熬煮的米飯，以及酥脆的黑豆結合在一起，並在客人面前加上濃郁的香菇醬汁作為最後的裝飾。米飯使用的是佐賀縣產的長粒米「越光米」，口感清淡，非常適合搭配濃郁的醬汁。

［材料］

梭子蟹⋯1杯
米（越光米）⋯300g
甲殼類的高湯*⋯430cc
奶油⋯適量
醬汁
- 原木香菇
- 奶油
- 甲殼類的高湯
- 鮮奶油
- 鹽⋯各適量

炒熟的黑豆
繁縷⋯各適量

＊使用龍蝦、紅蝦、沙蝦等甲殼類煮成的高湯

［製作方法］

❶ 梭子蟹放入95℃的蒸鍋中蒸約20分鐘（Ph.1）。
❷ 將①的蟹分解，取出蟹足肉、蟹卵和蟹黃（Ph.2, 3）。
❸ 用甲殼類高湯煮飯（Ph.4）。煮熟後，放入奶油拌勻，盛在盤子中稍微放涼（Ph.5）。
❹ 製作醬汁。將原木香菇切片，用融化的奶油煎炒（Ph.6）。加入甲殼類高湯和鮮奶油（Ph.7），煮至香菇的風味融入湯汁中。用鹽調味。
❺ 將④放入攪拌機中打碎（Ph.8），然後過濾。
❻ 在盤子上盛裝②和③，撒上炒熟的黑豆和繁縷。醬汁另外盛裝提供。

香魚義大利麵

香魚高湯製作的冷盤義大利麵。香魚高湯以烤過的香魚頭、魚骨和魚鰭，經水煮濃縮而成。在放入烤箱之前，確保相互不重疊地排列，均勻地淋上油，烤上色，這項細膩的工作影響著最終成品的味道。最後，在義大利麵上加入煎炒過的香魚，並搭配象徵著香魚的人參葉和油、櫛瓜花和洋蔥的泡沫。

［材料］

香魚…4尾
橄欖油
鹽
香魚魚露
檸檬汁… 各適量
寬麵（Tagliolini）…30g

［製作方法（→補充食譜189頁）］

❶ 將香魚切成三片。在魚身撒上鹽，靜置約1小時（Ph.1）。
❷ 將魚的頭部（縱向剖開）、魚骨、鰓和尾部等，除了身體以外的部分平鋪在烤盤上，淋上橄欖油和鹽（Ph.1）。以200℃的烤箱烤10~20分鐘（Ph.2, 3）。
❸ 在鍋中放入②烤過的魚頭、魚骨，倒入足夠的水，開火煮沸（Ph.4）。以小火煮約20分鐘，然後過濾並冷卻，成爲香魚高湯。
❹ 在一個不沾平底鍋內加熱橄欖油，將①的魚肉皮朝下放入（Ph.5）。不翻面，使其保持半熟狀態。
❺ 取出④的魚肉，用噴槍燒烤魚皮，使其變得香脆（Ph.6）。
❻ 在碗中加入③的香魚高湯、香魚魚露、橄欖油和檸檬汁，攪拌均勻（Ph.7）。
❼ 加入用2%鹽水煮熟，並沖過冰水的寬麵（Ph.8），拌勻即可。

炸狗母魚串
佐橄欖塔塔醬

以當地產那珂川的橄欖爲主題的一道菜。將狗母魚切片並捲起，用橄欖樹枝插入，製成橄欖味的炸串。然後盛放在鋸開的樹幹容器上，底部鋪橄欖葉，再附上鹽漬橄欖，另外佐橄欖塔塔醬。添加了乾燥的橄欖果實和葉子的粉，增添了葉子的香氣和酥脆的口感作爲點綴。

［材料］

狗母魚炸串

狗母魚…3尾
鹽
低筋麵粉、打散的雞蛋、麵包粉…各適量

橄欖塔塔醬

橄欖（半乾燥）…10g
橄欖葉…5g
塔塔醬*…100g

*混合了醃漬的沖繩辣薤（島らっきょう）、酸豆、水煮蛋和自製美乃滋

［製作方法（→補充食譜189頁）］

狗母魚炸串

❶ 將三尾的狗母魚剖成三片，撒上鹽（Ph.1, 2）。
❷ 將剖好的狗母魚魚皮朝上捲起，刺在橄欖樹枝上（Ph.3, 4）。
❸ 依序沾裹上低筋麵粉、打散的蛋液、麵包粉（磨碎的）（Ph.5），放入中溫的橄欖油中炸至酥脆（Ph.6）。

橄欖塔塔醬

❶ 將橄欖（半乾燥）鋪在烤盤上，放入130~140℃的烤箱中烘烤，直到水分蒸發乾燥。將烤好的橄欖放入食品處理器中打碎。
❷ 將橄欖葉放入68℃的食品乾燥機中乾燥至脆（Ph.7）。然後使用食品處理器打碎。
❸ 將①和②加入塔塔醬中混合（Ph.8）。

鱒魚、發酵胡蘿蔔、金柑

「以色彩作爲烹飪的切入點是我經常考慮的事情」，工藤主廚說。「相同色系的食材在口感上也更容易搭配」。這道菜的主題是「黃色」，結合了胡蘿蔔和鮭魚。使用鹽醃漬發酵的胡蘿蔔製作出帶有酸味和鮮美的汁液，作爲醬汁。搭配炸胡蘿蔔，經過蒸煮、乾燥和炸這3個步驟，提升了整體的完成度。

[材料]

發酵胡蘿蔔汁
黃色胡蘿蔔…1kg
鹽…20g
辣椒…少量
鮮奶油…適量

炸胡蘿蔔
小胡蘿蔔
米油
鹽…各適量

[製作方法 (→補充食譜189頁)]

發酵胡蘿蔔汁

❶ 將黃色胡蘿蔔連皮切成薄片。放入有重石的容器中(可使用淺漬容器)，撒上總重量的2%的鹽。加入辣椒片，壓上重石，放在室溫下發酵一週(Ph.1)。
❷ 將①的胡蘿蔔用水沖洗去鹽分。瀝乾水分，放入慢磨榨汁機(slow juicer)中榨汁(Ph.2, 3)。
❸ 將汁液倒入鍋中加熱。加入鮮奶油調和(Ph.4)。

炸胡蘿蔔

❶ 將小胡蘿蔔放入92℃的蒸鍋中蒸45分鐘(Ph.5)。
❷ 將蒸好的小胡蘿蔔放入食品乾燥機中乾燥3小時(Ph.6, 7)。
❸ 再用高溫米油炸(Ph.8)，撈出撒上鹽即可。

石烤甘藷、筆頭菜、菊薯

使用遠紅外線烤箱烤出的石烤甘藷，搭配著甜美順滑的奶油。配上從餐廳庭園採集的筆頭菜和那珂川特產的菊薯（Yacón），以立體的方式盛盤。這道料理突顯了石烤甘藷的甜美風味，工藤主廚經常在套菜的中段加入這樣具甜味的料理。「透過插入這種甜味的異質元素，可以使整個套餐的流程更加有層次感，並且可以更清楚地突顯每道菜的印象。」

［材料］

石烤甘藷泥
甘藷…2根
奶油…適量
洋蔥…小1顆
蔗糖…適量
高湯…400cc
鮮奶油…100cc

筆頭菜
筆頭菜…150g
小蘇打粉…每公升水2g
橄欖油
鹽…各適量

［製作方法（→補充食譜185頁）］

石烤甘藷泥

❶ 在遠紅外線烤箱中烤甘薯（Ph.1）。剝去皮，切成適當大小的塊狀。
❷ 在鍋中加熱奶油，炒香洋蔥薄片。撒上蔗糖將洋蔥炒成焦糖色，然後加入高湯融出鍋底精華（déglacer）。加入①烤好的甘薯，煮約20分鐘（Ph.2）。
❸ 倒入鮮奶油（Ph.3），使用攪拌器攪打成均質。然後用濾網過濾，下墊冰水迅速冷卻（Ph.4）。

筆頭菜

❶ 剝掉筆頭菜的袴部。在加入小蘇打粉的水中煮沸1~2分（Ph.5），用流動的水沖洗以去除雜質。將筆頭菜放在鋪有廚房紙巾的盤子上，並充分瀝乾水分（Ph.6）。
❷ 以少量的橄欖油放在煎鍋中，用小火加熱，將①的筆頭菜整齊地排列（不重疊）（Ph.7）。靜置烘煎筆頭菜，不要過分搖動。當筆頭菜變得脆脆的時候，撒上鹽調味（Ph.8）。

夏鹿、白蘆筍蒸蛋

這道菜以切片的新鮮白蘆筍和紫色的花瓣營造出清新的印象。底下藏著福岡縣嘉麻市捕獲的夏鹿腿肉燉飯和白蘆筍蒸蛋。當在客人面前倒入澄淨的夏鹿清湯時，白蘆筍會被加熱，散發出芳香的氣味，這是一種獨特的設計。這道菜餚讓初夏的野味既清爽又具有深度的口感。

［材料］

鹿腿肉…1隻
大蒜油
橄欖油
鹽…各適量
調味蔬菜 mirepoix（胡蘿蔔、洋蔥、西洋芹）…500g
高湯…1L
白蘆筍蒸蛋（→190頁）
…適量

［製作方法（→補充食譜190頁）］

❶ 將鹿的腿肉清理乾淨後剖開成一片，撒上大蒜油和鹽，進行一晚的醃漬。
❷ 將①的肉捲起成圓筒狀，用料理棉繩緊緊地綁起（Ph.1）。在平底鍋中倒入大蒜油，用大火加熱，將肉的表面煎上色（Ph.2）。
❸ 在鍋中燒熱橄欖油，用大火炒調味蔬菜，當香氣散發出來時，加入高湯和②、西洋芹葉（Ph.3）。蓋上鍋蓋，燉煮3~4小時。
❹ 當肉變得軟嫩時取出（Ph.4），切成1cm厚的片狀（Ph.5）。
❺ 將鍋中的湯汁進一步煮至濃縮（Ph.6），用濾網過濾。再用細緻的網篩過濾，製成鹿腿清湯（Ph.7）。
❻ 將④放在白蘆筍蒸蛋上，加上配料（→190頁），完成盛盤。另外提供⑤的夏鹿清湯。

III /

HIROYASU KAWATE

Florilège

川手寬康主廚注重料理和飲品的搭配。

他理想中的組合，是彼此的特色相互融合、相互提升。

相較於酒精飲品，非酒精飲品佐餐更具挑戰性，需要付出更多的努力。

透過世界級的料理、和以此料理感覺爲基礎的

非酒精雞尾酒相結合，

創造出全新的風味體驗。

烏賊　優格

香菜　八朔柑橘

鯖魚　藍紋乳酪

草莓　百里香　日式紅茶

烏賊 優格

以日本料理的技法爲靈感，對烏賊進行細緻的切紋，帶出柔軟的口感和甜味，再搭配蕪菁的麴漬，混合優格和白乳酪。另外，用麴漬的奶油裝飾著搭配的炸烏賊觸鬚，以乳酸爲基底的風味將整道菜餚整合起來。爲了能體驗這種複雜的味道，雞尾酒也以香菜的香氣和八朔柑橘的苦味展現獨特個性。

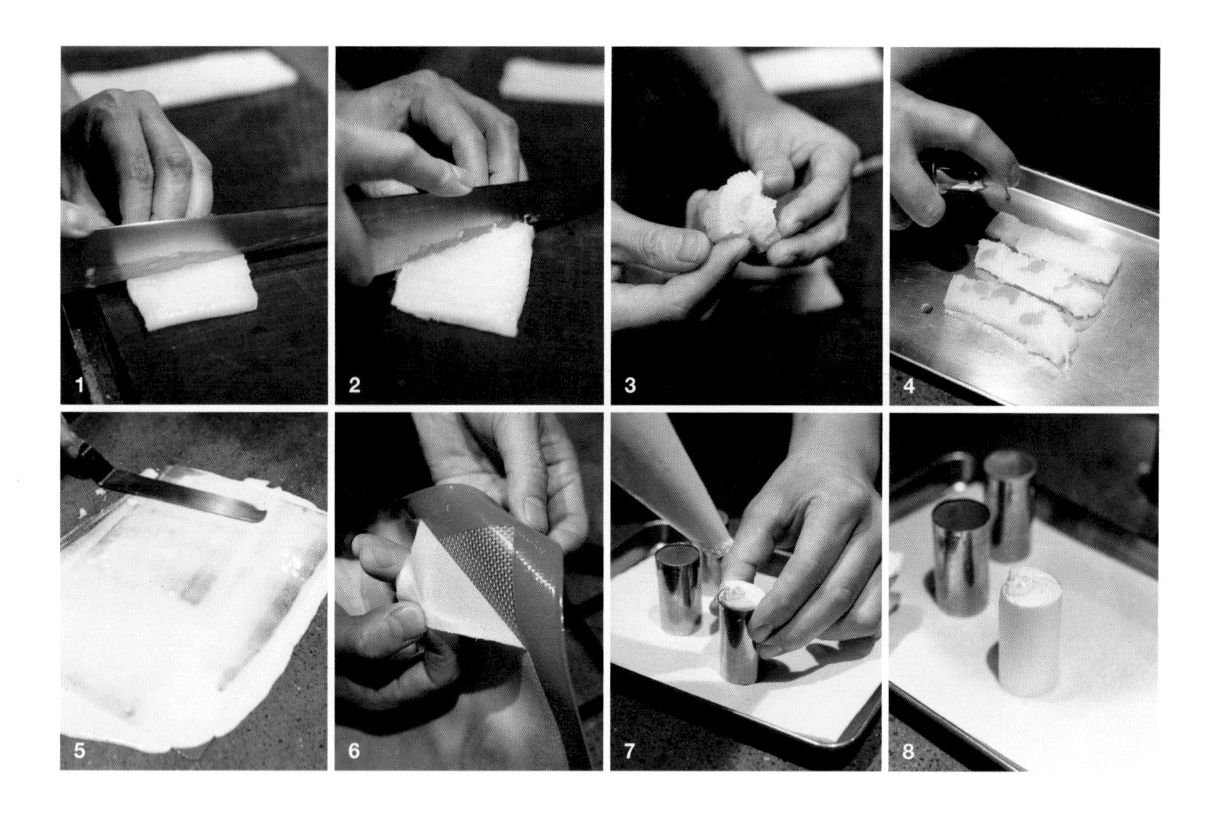

［材料］

烏賊

烏賊…1杯
鹽
檸檬汁
橄欖油…各適量

優格

優格片
- 優格
- 牛奶
- 洋菜（agar）…各適量

白乳酪（fromage blanc）…適量

［製作方法（→補充食譜191頁）］

烏賊

❶ 將烏賊切開，去除眼睛、嘴巴和軟骨。
❷ 將①的烏賊切成縱約5cm×橫約20cm大小的片狀，縱向用刀劃切細小刀痕（Ph.1）。
❸ 將②旋轉45度。斜斜地劃切細小刀痕（Ph.2）。
❹ 將③切成2cm寬的塊狀（Ph.3），撒上鹽，擠上新鮮的檸檬汁和橄欖油進行醃漬（Ph.4）。

優格

❶ 在鍋中將優格、牛奶和洋菜混合煮沸。倒入濾網中，用刮板輕薄地延展（Ph.5）。冷藏。
❷ 將①的優格片凝固後剝離（Ph.6）。切成縱約6cm×橫約4cm的片，捲成筒狀。放入直徑2cm的圓筒模內，填入白乳酪（Ph.7）。冷藏後脫模（Ph.8）。

鯖魚 藍紋乳酪

使用鹽和糖醃漬鯖魚，再以稻草燒烤，搭配馬鈴薯和松露，做成千層酥。利用嫩豆皮（湯葉）和豆漿調製藍紋乳酪醬汁增添濃郁口感，表達出「和洋折衷的美味」。爲了搭配川手主廚所說，充滿衝擊力的味道，選擇了日式紅茶與草莓的雞尾酒。這種雞尾酒的製作方式，是利用酸味和澀味來表達菜餚所缺少的元素。

［材料］

鯖魚…1尾
鹽…200g
砂糖…100g
馬鈴薯…1個
奶油
松露
白乳酪（fromage blanc）…各適量

［製作方法（→補充食譜192頁）］

❶ 鯖魚片切（保留中骨和腹骨）。
❷ 將鹽和糖混合，撒在①上（Ph.1）。靜置約1個半小時。
❸ 將①用水沖洗乾淨，抹乾水分。去除中骨和腹骨。用金屬籤刺穿，以稻草燒烤（Ph.2, 3）。
❹ 去除③的鯖魚皮，切成約2cm寬×15cm長的條狀（Ph.4）。
❺ 將馬鈴薯切成薄片，用直徑約5cm的圓形壓模壓切。浸泡在水中，再擦乾水分。
❻ 在鍋中融化奶油，加熱至120℃。炸⑤的馬鈴薯片約1分鐘（Ph.5）。撈起，去除多餘油脂。
❼ 在烤盤上鋪烘焙紙，將⑥的馬鈴薯片部分重疊平舖，放上松露片，再蓋上一層馬鈴薯片（Ph.6）。放入預熱200℃的烤箱，烤至表面金黃。
❽ 將⑦切成約2cm寬的條狀。以蛇腹的方式摺疊（Ph.7），以④的鯖魚捲起（Ph.8）。

牡蠣　糖漬檸檬

羅勒　檸檬馬鞭草　番茄

白蘆筍　醃漬

金柑　薑　茉莉花茶

牡蠣 糖漬檸檬

把以蛤蜊湯煮熟的牡蠣切碎，與油封番茄和薑絲一起做成韃靼（tartare）。再加上糖漬檸檬薄片，提供甜味、酸味和苦味的調和。將牡蠣以均質機攪打成泡沫，搭配在盤中，讓客人像喝湯一樣品嚐風味。雞尾酒以羅勒和檸檬馬鞭草的香氣為特色，番茄水的基底風味與料理相呼應。

［材料］

牡蠣韃靼（tartare）

牡蠣…1個
蛤蜊高湯
油封番茄（tomato confit）
紅蔥頭（切碎）
薑（切碎）
油醋醬（vinaigrette）
…各適量

糖漬檸檬

- 檸檬（切薄片）
- 糖漿
- 檸檬汁…各適量

牡蠣湯

牡蠣…2個
蛤蜊高湯…150cc
鮮奶油…50cc

［製作方法（→補充食譜192·193頁）］

牡蠣韃靼

❶ 蛤蜊高湯煮沸。轉小火，迅速燙煮牡蠣（Ph.1）。
❷ 將燙煮後的①牡蠣切碎，加入油封番茄、紅蔥頭碎、薑碎拌勻（Ph.2）。使用油醋醬（省略解說）調味。
❸ 製作糖漬檸檬。在鍋中加入糖漿和檸檬汁燒熱，加入檸檬薄片輕輕煮沸。關火，保留餘溫（Ph.3）。
❹ 整形②成橢圓狀（Ph.4），將③蓋在上面（Ph.5）。

牡蠣湯

❶ 像「牡蠣韃靼」一樣，使用蛤蜊高湯來燙煮牡蠣（Ph.6）。將牡蠣以均質機攪打（Ph.7）。
❷ 在鍋中加熱過濾後的①，並加入鮮奶油攪拌均勻（Ph.8）。使用均質機打發成泡沫狀。

白蘆筍 醃漬

在奶油中慢煎的白蘆筍是主角。以榛果奶油、茴香和落葵薯（オカワカメ）的泡菜（pickles）隨機點綴的盛盤方式令人印象深刻。蘆筍的根部被製成慕斯，並以蕁麻酒（Chartreuse）醬汁作爲配料。這道料理以兩種組合方式，充分品味白蘆筍的風味。以加入生薑和金柑苦味和酸味的雞尾酒，搭配醃漬的酸味。

［材料］

白蘆筍
白蘆筍…2根
奶油…50g
香茅（lemongrass）
檸檬皮…各適量
大蒜…1瓣
炒香麵包粉*
醃漬酸黃瓜（切碎）
紅蔥頭 shallot（切碎）
檸檬皮（切碎）
蝦夷蔥（切碎）
鹽…各適量

*將麵包粉炒香後，加入奶油煎炒，乾燥備用

完成
醃漬泡菜
（油菜花、茴香、接骨木花、落葵薯）…適量

［製作方法（→補充食譜193頁）］

白蘆筍

❶ 在平底鍋中融化奶油，加入香茅和檸檬皮加熱（Ph.1）。放入處理好的白蘆筍（Ph.1），蓋上錫箔紙，用小火煎20分鐘（Ph.2, 3）。熄火後取出白蘆筍。
❷ 在①的平底鍋中加熱剩下的奶油，加入大蒜末，調至大火，加入炒過的麵包粉，熄火（Ph.4）。
❸ 待溫度降低後重新加熱。加入切碎的醃漬酸黃瓜、切碎的紅蔥頭、檸檬皮、蝦夷蔥，用鹽調味，做成醬汁（Ph.5, 6）。

完成

❶ 將烹煮好的白蘆筍盛放在盤子中，旁邊放上醃漬泡菜（Ph.7），並淋上醬汁（Ph.8）。
❷ 還可另外附上白蘆筍的慕斯（→193頁）。

牛　骨髓

台灣茶　葛縷子　肉桂

帆立貝　筍

梨子　茗荷　紫蘇葉

牛 骨髓

佛手柑漬物和松露片下藏著牛排韃靼（tartare）和荷蘭醬（hollandaise）。牛排韃靼中加入的皮蛋帶來了豐富的風味和香氣，是這道料理的亮點，「中國人一定不知道的絕佳組合」（川手主廚）。另外搭配溫熱的骨髓蒸蛋和清湯，飲料也選擇溫熱的款式。以香料味的台灣茶與牛脂相融合，增強整體的一致感。

［材料］

經產牛韃靼

牛肉的腰部或里脊肉…200g
鹽
醃漬酸黃瓜（切碎）
皮蛋（切碎）
青蔥（切碎）
檸檬汁、鹽、胡椒、荷蘭醬
醃漬的佛手柑、松露…各適量

骨髓蒸蛋（bone marrow flan）

骨髓蒸蛋[*1]…50g
帶有骨髓的牛肉高湯[*2]…50g
鹽之花
胡椒粉…各適量

*1 由蛋液和牛肉高湯混合而成
*2 用牛肉高湯煮骨髓得到的湯汁

［製作方法（→補充食譜194頁）］

經產牛韃靼

❶ 牛肉撒上鹽，用金屬籤刺入。放在炭火上炙烤（Ph.1）。
❷ 表面上色後，抽取出金屬籤，讓肉靜置（Ph.2）。用刀切碎（Ph.3）。
❸ 將②放入冷卻的碗中，加入切碎的醃漬酸黃瓜、皮蛋和青蔥，攪拌均勻（Ph.4）。用檸檬汁、鹽和胡椒調味。
❹ 使用兩個不同大小的環形模放在盤子上，將③盛入，使其成爲類似甜甜圈的形狀（Ph.5）。在中心倒入荷蘭醬（省略解說），然後取下環形模。
❺ 在④的上方，交替擺放切成半月形醃漬的佛手柑片和松露片（Ph.6）。

骨髓蒸蛋

❶ 將牛骨製成的碗內倒入混合好的蛋液（Ph.7），蓋上保鮮膜。以93℃的蒸氣對流烤箱蒸約10分鐘，製作出蒸蛋（Ph.8）。
❷ 在①的上方倒入含有骨髓的牛肉高湯，撒上鹽之花和胡椒粉（Ph.9）。

帆立貝 筍

帆立貝和筍是日本料理中春季湯品（椀物）的經典搭配，我們重新以法國料理的方法製作。先將筍煮熟，然後夾入帆立貝的慕斯，在烹煮過程中用奶油煎至香脆。以帆立貝唇製作的貝類醬汁（sauce coquillage）泡沫，展現出法國料理獨特的香氣。雞尾酒使用帶有紫蘇和茗荷香氣的西洋梨汁，爲料理增添了香氣的呼應，與和風的意味。

［材料］

帆立貝慕斯
- 帆立貝…10個
- 鹽…適量
- 全蛋…1個
- 鮮奶油…200cc

筍（已煮熟）
低筋麵粉
鹽
奶油…各適量

［製作方法（→補充食譜194·195頁）］

❶ 將取下的帆立貝清理乾淨並沖洗。用廚房紙巾包裹並除去多餘水分，撒上鹽後放入攪拌機中打碎。打成黏稠狀後加入全蛋拌匀（Ph.1）。當整體混合均匀後，用濾網過濾一次。

❷ 將冰鎮過的碗中倒入①，分次倒入鮮奶油攪拌均勻。用刮刀舀起時，保持勉強不滴落的濃稠度（Ph.2）。

❸ 煮熟的筍切成厚度約5mm的薄片。除去多餘水分後，用刷子刷上一層低筋麵粉（Ph.3）。

❹ 在③上塗②的帆立貝慕斯，再用筍片夾疊重複約5次，形成長約7cm的塊狀（Ph.4）。將多餘的帆立貝慕斯擦乾淨（Ph.5）。

❺ 用保鮮膜包裹住④，以93℃的蒸氣對流烤箱蒸10分鐘。垂直切半（Ph.6）。撒上鹽，再撒上低筋麵粉。

❻ 在煎鍋中加熱奶油，放入⑤（Ph.7）。煎至整體呈深金黃色（Ph.8）。

菊苣　鹿肉醬

番茄水　蛋白　文旦

珠雞　菠菜

石榴　甜菜根　洛神花
安納芋糖漿

菊苣　鹿肉醬

「類似捲心菜的菊苣，經過燒烤非常美味」（川手主廚）將鹿肉醬（Pâté）夾在菊苣中，形成美味絕佳的焦香口感。鹿肉的風味完美滲入菊苣，擺盤並淋上甜菜根醬汁和檸檬風味的酸奶油。蔬菜的美味與乳製品結合，在搭配的雞尾酒上以番茄和蛋白泡沫重現，營造出一致的味覺感受。

［材料］

菊苣（Trevise）…1顆
鹿肉醬肉餡（Venison pâté farce）*…50g
奶油
橄欖油…各適量

*將鹿肉進行醃漬，切碎並添加香料混合

［製作方法（→補充食譜195頁）］

❶ 將菊苣洗淨並擦乾水分（Ph.1）。
❷ 打開①菊苣的葉片，塗上鹿肉醬肉餡（Ph.2）。再蓋上一片葉子，再次塗抹鹿肉醬肉餡。重複這個步驟（Ph.3）。
❸ 將菊苣回復成原本的形狀（Ph.4）。切半，切掉中芯部分。
❹ 在平底鍋中，以2：1的比例混合適量的奶油和橄欖油加熱（Ph.5）。當冒出油泡時加入③（Ph.6）。
❺ 當底部呈現金黃色時翻面（Ph.7），然後繼續煎。當每一面都呈現深色的焦糖化外皮時，取出。
❻ 將⑤放入220℃的烤箱中烘烤至完全熟透（Ph.8）。

珠雞 菠菜

在冬季，利用味道更好、季節限定的皺葉菠菜（ちぢみほうれん草），用大火煎炒，然後堆疊上加了乳酪、蜂蜜的菠菜泥。這道菜以簡單烤製的嫩滑珠雞和層次豐富的菠菜作爲對比。雞尾酒由帶有酸味的紅色水果和甜美濃郁的安納芋甘薯糖漿組成，搭配不同的飲品可以享受到菜餚風味的變化。

［材料］

皺葉菠菜…1束
大蒜…1瓣
鹽
奶油… 各適量
菠菜泥[*1]…30g
洋蔥…50g
鮮奶油…10g
蜂蜜…10g
乳酪（磨碎）…10g
菠菜粉[*2]… 適量

*1 加入葉綠素的菠菜泥成品
*2 煮熟的菠菜風乾後研磨成粉末

［製作方法（→補充食譜196頁）］

❶ 在平底鍋中摩擦大蒜，釋放香味。加熱充足的奶油（Ph.1），當奶油呈現金黃色時，撒上鹽並放入皺葉菠菜，以大火翻炒（Ph.2）。晃動平底鍋，讓奶油均勻地包覆菠菜並迅速地加熱（Ph.3）。
❷ 取出①，一半剁碎，一半保留原狀。
❸ 將剁碎的②、菠菜泥、用奶油炒熟的洋蔥（省略解說）、鮮奶油、蜂蜜和乳酪粉放入鍋中混合（Ph.4），同時加熱並攪拌（Ph.5）。
❹ 將②保留的炒菠菜攤平在砧板上，塗上③，再次將②蓋在上面，再塗上③（Ph.6），最後蓋上②。
❺ 在④上鋪廚房紙巾輕壓，整形（Ph.7）。垂直切成兩半，篩上菠菜粉（Ph.8）。

IV

HIDEYUKI SHIBATA

La Clairière

柴田秀之主廚的料理被形容爲「傳統」。
然而，柴田主廚表示並非一定要追求傳統，
他僅僅是根據衆多忠實顧客的「需要和品味」，精心思考而得出的結果，
這些料理恰巧呈現出傳統的形式而已。
他的料理融入了新的思維和長期以來的努力，
每一道菜都充滿了創新和傳統的結合。

牡蠣 51℃

將雞肉清湯加熱至51℃，將牡蠣浸泡約20分鐘。在追求適當的火候時，柴田主廚發現51℃是最理想的溫度，此溫度不會過熟也不會太生。選擇了「味道濃郁的三陸產牡蠣」（柴田主廚）並且不加鹽調味。將牡蠣和菠菜盛盤，淋上檸檬風味的煮汁，另外再加上滴入黑橄欖油的一口湯品。這樣可以享受兩種煮汁味道的對比。

［材料］

牡蠣…1個
雞肉清湯…30cc
黑橄欖油
檸檬油
皺葉菠菜
鹽…各適量

［製作方法］

❶ 打開牡蠣的殼，取出牡蠣肉洗淨（Ph.1）。
❷ 在鍋中加入剛好蓋過牡蠣的雞肉清湯，將溫度調至51℃。
❸ 將牡蠣放入②，加熱（Ph.2）。保持在51℃的溫度下加熱20分鐘，直到牡蠣變得彈性飽滿，然後關火（Ph.3）。
❹ 過濾煮汁（Ph.4）。將部分過濾後的液體倒入加有黑橄欖油的小玻璃杯（Ph.5）。其餘的保留。
❺ 將皺葉菠菜在1%的鹽水中燙煮2分鐘，瀝乾水分。撒上鹽（Ph.6）。
❻ 在盤中倒入檸檬油，並倒入④保留的煮汁。將⑤的皺葉菠菜盛在盤內，放上③的牡蠣。
❼ 將④的小玻璃杯附上。

佩科里諾羅馬乳酪和蠶豆

在春季，北義大利地區喜歡享用的一道菜，是將佩科里諾乳酪（Pecorino Romano）和蠶豆巧妙地搭配。這道菜以柔軟的帕馬森乳霜（Parmigiano cream）的鹹味和油脂，結合了煮熟的蠶豆，與刨成薄片的佩科里諾乳酪，帶來了獨特的風味體驗。原本這是一道餐後乳酪盤，但搭配上脆脆的麵包丁和風味濃郁的義式辣香腸，非常適合作爲開胃前菜，佐上葡萄酒享用。

［材料］

帕馬森乳霜
牛奶…100cc
帕馬森乳酪…30g
鮮奶油…200cc
蛋黃…2個
全蛋…1個
鹽…適量

完成
佩科里諾乳酪
蠶豆
黑橄欖油
鹽之花
第戎芥末醬（Dijon mustard）
巴西利泥
酥脆麵包塊、西班牙辣腸（Chorizo）、黑胡椒…各適量

［製作方法］

帕馬森乳霜

❶ 在鍋中加熱牛奶，加入刨碎的帕馬森乳酪並煮至融化（Ph.1）。蓋上鍋蓋，靜置30分鐘。
❷ 將①過濾，加入鮮奶油、蛋黃和全蛋拌勻（Ph.2）。用鹽調味。
❸ 將混合物用篩網過濾，倒入盆中（Ph.3），在155℃、50%濕度的蒸氣對流烤箱中加熱25分鐘（Ph.4）。
❹ 當③凝固後，用篩網過濾。如果需要，可以用鮮奶油（分量外）稀釋至想要的程度。

完成

❶ 將佩科里諾乳酪刨成約1mm厚的薄片（Ph.5）。
❷ 將蠶豆放入1%鹽水中煮熟，撒上黑橄欖油，再灑上鹽之花。
❸ 在盤子上排列3顆蠶豆，使其成直線狀，中間擠入巴帕馬森乳霜共2處。
❹ 在最後面的蠶豆上加入第戎芥末醬，旁邊擠入巴西利泥。放上西班牙辣腸，附上酥脆麵包塊（Ph.6）。
❺ 將①放在蠶豆上，撒上刨碎的佩科里諾乳酪，點綴上巴西利泥，撒上黑胡椒。

白蘆筍三重奏

柴田主廚的招牌料理，是以法國盧瓦爾產水耕栽培的白蘆筍，製成白蘆筍慕斯、果凍和醬汁三層的美妙組合，盛裝在雞尾酒杯中。爲了保留風味，他使用盧瓦爾產的白蘆筍，僅用最少量的水煮熟，然後將其轉變爲三種不同質地和色彩。「這是因爲盧瓦爾產的白蘆筍比一般土壤種植的更加清新和細膩，這樣做能展現出其獨特的風味」（柴田主廚）。

［材料］

白蘆筍濃湯（Velouté）

白蘆筍的基底（使用900g）
- 白蘆筍…10根
- 昆布
- 清酒
- 水…各適量
- 鹽…液體重量的0.8%
- 牛奶…適量

白蘆筍煮汁…50g
牛奶…50g

完成

白蘆筍凍
白蘆筍濃湯
白蘆筍慕斯
鹽之花…各適量

［製作方法（→補充食譜197頁）］

白蘆筍濃湯

❶ 製作白蘆筍基底。將去皮的白蘆筍浸泡在稍微溫熱的水中，約5至10分鐘以去除雜質（Ph.1）。保留蘆筍皮。
❷ 在鍋中加入①的蘆筍皮、昆布、清酒、鹽和覆蓋蘆筍稍多的水，加熱（Ph.2）。煮沸後撈除浮沫，然後過濾。
❸ 用②的煮汁將①的白蘆筍煮約10分鐘（Ph.3）。煮熟後放入容器中，撒上鹽（Ph.4）。待涼後，切成適當大小。保留煮汁。
❹ 過濾③的煮汁（Ph.5），與牛奶一起倒入鍋中。加入③的白蘆筍，加熱約1分鐘（Ph.6）。
❺ 將④放入攪拌機中打碎，再用篩子過濾。
❻ 將③的煮汁和牛奶加入⑤中，調整濃度。下墊冰水冷卻（Ph.7）。

完成

將白蘆筍凍（→197頁）和白蘆筍濃湯依序倒入已冷卻的杯子中（Ph.8），然後再倒入白蘆筍慕斯（→197頁）。在杯子的右後側撒上適量的鹽之花。

鹿兒島竹筍和海膽燉飯
蝸牛奶油醬

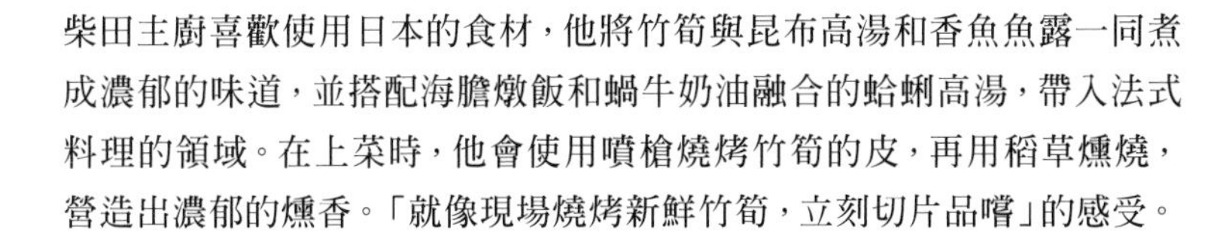

柴田主廚喜歡使用日本的食材，他將竹筍與昆布高湯和香魚魚露一同煮成濃郁的味道，並搭配海膽燉飯和蝸牛奶油融合的蛤蜊高湯，帶入法式料理的領域。在上菜時，他會使用噴槍燒烤竹筍的皮，再用稻草燻燒，營造出濃郁的燻香。「就像現場燒烤新鮮竹筍，立刻切片品嚐」的感受。

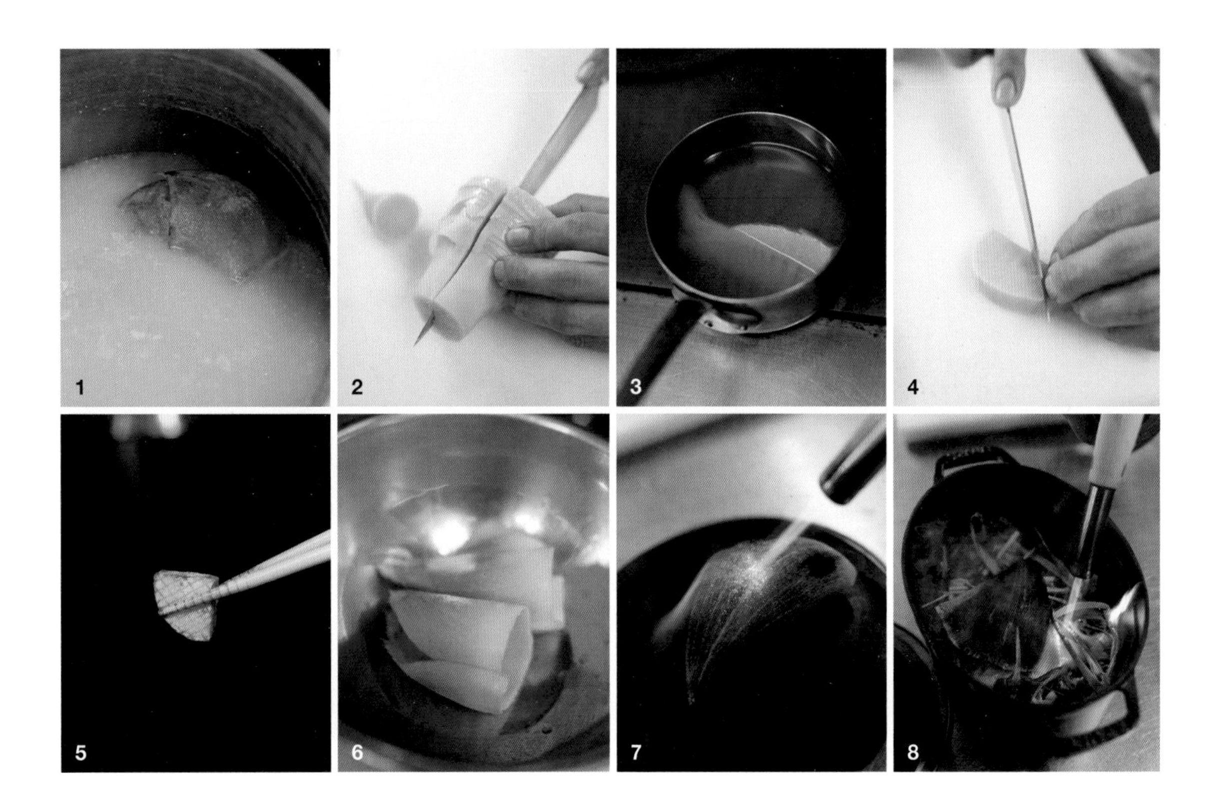

［材料］

竹筍…1根
煮汁
- 水…400cc
- 清酒…30cc
- 昆布…10cm長
- 香魚魚露
- 鹽
- 砂糖…各適量

米粉
米油…各適量

［製作方法（→補充食譜198頁）］

❶ 將竹筍在米糠（分量外）水中煮熟（Ph.1）。將外殼和皮剝除，切成縱向四等分（Ph.2）。將皮保存起來，晾乾備用。

❷ 在鍋中加入水、清酒和昆布煮沸。取出昆布，加入香魚魚露、鹽和糖調味，放入①的竹筍煮約30分鐘（Ph.3）。

❸ 當竹筍入味後，取出。將底部較硬的部分切成厚約8mm的薄片，並在上面劃切網狀刀紋（Ph.4）。沾裹上米粉後，用中溫的米油炸至金黃（Ph.5）。

❹ 用噴槍炙燒①預留下的竹筍皮表面，使其燒黑（Ph.6, 7）。

❺ 將④、稻草和切小塊的竹筍皮（分量外）放入鑄鐵鍋中，用噴槍炙燒（Ph.8）。冒出煙時，蓋上鍋蓋，燻約3分鐘。

七草和鱈場蟹濃湯

這道料理是以七草粥的風味為基礎，將米飯炒成奶油飯，並灑上清酒，然後放上用清酒蒸煮的鱈場蟹肉，最後再淋上蟹肉濃湯。這道菜在新年過後供應，柴田主廚說：「我們不僅使用當季食材，還將日本的節氣融入料理中，讓客人清楚地感受到季節的變化。」最後，上面放置的蕪菁片，則在反面塗抹了柚子油，從香氣上再次突顯了新年的氛圍。

［材料］

七草奶油飯

蕪菁
白蘿蔔
芹菜
奶油飯
帕馬森乳酪
橄欖油
鹽…各適量

蟹肉濃湯

鱈場蟹的殼…1杯分
大蒜（帶皮）…2瓣
橄欖油…適量
干邑白蘭地…100cc
濃縮番茄糊（concentrée）…50g
胡蘿蔔
洋蔥
西洋芹
甘蔥（shallot）
百里香
龍蒿
茴香
黑胡椒粒
鹽…各適量

［製作方法（→補充食譜198頁）］

七草奶油飯

❶ 七草使用的是蕪菁、白蘿蔔和芹菜（Ph.1）。將蕪菁和白蘿蔔切成2mm厚的薄片。將蕪菁的莖、白蘿蔔的葉子和芹菜切碎。
❷ 除了芹菜以外的①放入鹽水中燙煮約10秒（Ph.2），立即放入冰水中冷卻。瀝乾水分。
❸ 將②的蔬菜、芹菜、磨碎的帕馬森乳酪和橄欖油加入奶油飯中拌勻（Ph.3, 4）。用鹽調味。

蟹肉濃湯

❶ 將大蒜用橄欖油炒香，加入切碎的鱈場蟹殼一同炒（Ph.5）。倒入干邑白蘭地融出鍋底精華（déglacer），加入番茄濃縮醬、用橄欖油炒過的胡蘿蔔、洋蔥、西洋芹和甘蔥。
❷ 加入水，煮沸後去除浮沫（Ph.6）。加入百里香、龍蒿、茴香和黑胡椒，煮約45分鐘。
❸ 用調理機攪打，再用濾網過濾（Ph.7, 8）。繼續煮沸濃縮，最後用鹽調味。

羊肚蕈鑲
小牛胸腺與土當歸

以法國的春季食材羊肚蕈爲主角，搭配香煎的小牛胸腺、羊肚蕈風味的奶油飯，佐芬芳的羊肚蕈醬汁。配菜包括東京產的鹽煮及炸土當歸。原本搭配的是白蘆筍，但考慮到「在這個時代，展現東京這片土地」，選擇了同樣受到遮光栽培的土當歸，它的口感和香氣與蘆筍有相似之處。

［材料］

羊肚蕈…2個
雞高湯…適量
羊肚蕈風味的奶油飯
- 培根
- 奶油飯
- 乾燥羊肚蕈*
- 白胡椒粉
- 鹽
- 奶油
- 大蒜
- 巴西利
- 羊肚蕈醬汁（→198頁）

蛋黃
鮮奶油…各適量
小牛胸腺（Ris de veau）
細香蔥
高筋麵粉
蛋白
羊肚蕈醬汁
奶油…各適量

＊水浸泡一夜的乾羊肚蕈

［製作方法（→補充食譜198頁）］

❶ 將羊肚蕈洗淨並擦乾，縱切一道切口（Ph.1）。
❷ 用雞高湯煮羊肚蕈，使其軟化（Ph.2）。撈出並瀝乾水分。
❸ 製作羊肚蕈風味的奶油飯。將切碎的培根炒香，加入奶油飯（省略解說）和切碎的羊肚蕈，用鹽和白胡椒調味。加入少量奶油融化，加入切碎的大蒜、切碎的巴西利和羊肚蕈醬汁，拌勻（Ph.3）。
❹ 關火後，加入打散的蛋黃和鮮奶油調成糊狀，倒在盤子中冷卻。
❺ 將煮熟②的羊肚蕈內鑲入香煎後切小塊的小牛胸腺（省略解說），和④羊肚蕈風味的奶油飯（Ph.4）。用燙煮後的細香蔥綁起共3個部位（Ph.5），在切口處依次蘸上高筋麵粉、打散的蛋白、高筋麵粉（Ph.6）。
❻ 在平底鍋中加熱奶油，煎蘸有粉的那一面（Ph.7）。當切口煎熟固化後，加入羊肚蕈醬汁，輕輕煮至稍微收汁（Ph.8）。

酥炸稚鮎
南高梅乳化醬汁

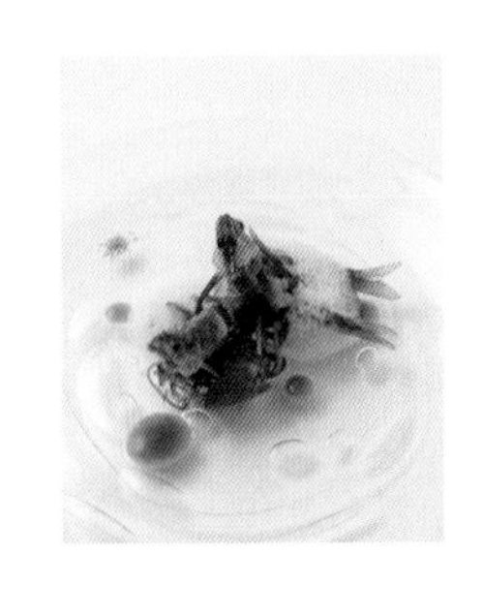

這道菜融入了稚鮎（香魚幼魚）、南高梅和笹竹葉茶等和風元素。香魚幼魚經過約3分鐘的油炸，炸去了水分，突顯出內臟的風味和苦味。在玻璃容器中，用西洋菜（watercress）和笹竹葉茶製作出清新、綠色香氣的醬汁，再加上以檸檬香茅茶融合南高梅乳化醬汁製作出帶有酸味的泡沫。透過味覺和視覺的雙重感受，完美地展現了日本夏季的清涼感。

［材料］

<u>酥炸香魚幼魚</u>
香魚幼魚…3尾
薄酥皮（Pâte filo）
黑胡椒
高筋麵粉
米油…各適量

<u>南高梅乳化醬汁</u>
草本茶（檸檬香茅）…20g
梅乾（南高梅）…3顆
大豆卵磷脂…少量

［製作方法（→補充食譜199頁）］

<u>酥炸香魚幼魚</u>
❶ 將香魚幼魚浸泡在冰水中以緊實肉質（Ph.1）。瀝乾水分。
❷ 將薄酥皮切成1cm寬的條，纏繞在香魚幼魚的腹部（Ph.2）。在這個步驟中，請保持胸部鰓蓋張開，以免彼此纏繞在一起。用竹籤垂直地刺穿腹部，固定住薄酥皮。頭部也刺入竹籤，讓香魚幼魚呈現游水的姿態，並固定尾巴。
❸ 在香魚幼魚的嘴巴部位切一刀，張開魚嘴。只在頭部撒一些高筋麵粉（Ph.3）。
❹ 用中溫米油炸約3分鐘，使其酥脆（Ph.4）。僅在魚頭撒上一些黑胡椒。

<u>南高梅乳化醬汁</u>
❶ 將熱水（分量外）加入檸檬香茅並輕輕煮沸（Ph.5）。
❷ 過濾①（Ph.6），加入梅乾肉和子。靜置約15分，使風味充分轉移（Ph.7）。
❸ 去除②種子，加入大豆卵磷脂，使用均質機攪打至產生泡沫（Ph.8）。

香魚的變化
笹竹葉茶和西洋菜庫利

與116頁「酥炸稚鮎~」以品味初夏的香魚幼魚不同，這道菜是透過成長後的夏季香魚來再現「鹽烤香魚和香魚飯」這兩種風味。香魚的身體一部分經鹽烤烤熟，一部分則經過香煎處理，魚骨和頭部則被炸成濃縮的香魚飯。內臟則以炸血腸（Boudin noir）的方式作爲配菜，重新構建在盤子上。與香魚幼魚料理的醬汁相同，讓人們感受季節的轉變和香魚的成長過程。

［材料］

香魚…2尾
鹽…適量
奶油飯…100g
青海苔粉
米粉
米油
山椒粉
血腸（Boudin noir）
切碎的海苔
貝涅麵糊（Pâte à beignets）…各適量

［製作方法（→補充食譜199頁）］

❶ 將香魚片切成三片，再分切成魚片、頭部、背骨、腹骨、背鰭、腹鰭、肝臟和尾巴（Ph.1, 2）。
❷ 除了魚片和肝臟以外的部分，都用低溫的米油炸至金黃（Ph.3）。將其中一半切成粗粒，另一半留作最後裝飾使用。
❸ 下半部魚片撒上鹽，從魚皮那一面慢慢地烤至香脆（Ph.4）。切成粗粒備用。
❹ 將②、③和奶油飯炒在一起（Ph.5），加入青海苔粉拌勻。
❺ 上半部魚片撒上鹽，放入冰箱風乾半天。沾裹上米粉，用加熱的米油在平底鍋中香煎（Ph.6）。
❻ 將肝臟和山椒粉一起磨碎。然後加熱，以內臟釋出的油慢煎。
❼ 將⑥和血腸（省略解說）混合在一起，加入切碎的海苔。整形成直徑約1cm的球狀（Ph.7），冷凍備用。在供應前，沾裹上貝涅麵糊（省略解說）炸至金黃（Ph.8）。

鳥尾蛤和初夏蔬菜凍

這道菜以京都舞鶴產的特大鳥尾蛤爲主角，呈現出仿佛整顆鳥尾蛤原封不動的視覺效果，令人驚艷。貝殼內塡滿了塗有香魚魚露的蛤肉、紅魷魚和夏季蔬菜。加入紅魷魚的目的是爲了增添濃郁的風味和咀嚼的口感，以提升美味度。貝殼上噴灑了苦艾酒，以增添冷盤所需的香氣元素。讓您在打開時享受迎面而來的芳香。

[材料]

京都舞鶴產的特大鳥尾蛤
…1個
紅魷魚
鹽
香魚魚露… 各適量
醃漬蔬菜
- 蔬菜（櫛瓜、茄子、毛豆、豌豆、四季豆、荷蘭豆、預先處理好的蕨菜、蜂斗菜、牛蒡）
…各適量

醃漬液
- 水…1L
- 昆布…4g
- 香魚魚露…20g
- 清酒…20g
- 砂糖…15g
- 鹽…8g

馬賽魚湯清湯凍
（Gelée de bouillabaisse consommée）
橄欖油
苦艾酒… 各適量

[製作方法]

❶ 將鳥尾蛤的殼打開（Ph.1），取出貝肉、貝柱和貝唇。在貝肉上切一刀，取下貝舌（Ph.2），用水沖洗。將殼煮沸消毒備用。
❷ 用1%的鹽水將①的貝肉、貝柱、貝唇和貝舌稍微煮熟，然後放入冰水中冷卻（Ph.3）。
❸ 將②分別切成易於食用的大小，並塗上香魚魚露。
❹ 將醃漬液的材料一起煮沸，冷卻備用。
❺ 將切成圓片的櫛瓜和茄子用橄欖油煎炒（Ph.5）。毛豆經過鹽水煮熟後冷卻，其他蔬菜分別煮熟後放入冰水中。
❻ 將⑤浸泡在④中約1小時（Ph.6）。
❼ 將櫛瓜、茄子、毛豆和鳥尾蛤的貝肉、貝唇、紅魷魚放入鳥尾蛤的下殼中。舀入馬賽魚湯清湯凍（省略解說），再擺上鳥尾蛤的貝舌，再舀入清湯凍（Ph.7）。淋上橄欖油。
❽ 在鳥尾蛤的上殼表面噴灑一些苦艾酒（Ph.8）。蓋在⑦上，上菜。

岩鹽焗黑鮑魚

將最初用於羊肉料理的鹽焗烹飪技巧，應用在鮑魚上。將黑鮑用昆布包裹起來，防止過度加熱，然後用岩鹽包裹，以230℃加熱10分鐘。柴田主廚建議使用山口縣萩市產350至400g的黑鮑，因爲來源和大小不同，會影響烹煮時間。將鹽焗好的鮑魚與肝臟和牛肉汁混合，配上皺葉小松菜（かつお菜）和粗粒現磨黑胡椒。

［材料］

黑鮑魚…1個
昆布
清酒…各適量
岩鹽麵團
- 蛋白
- 岩鹽…各適量

海藻奶油（Bordier）
牛肉汁
黑胡椒…各適量

［製作方法（→補充食譜200頁）］

❶ 將黑鮑魚連殼用刷子清洗乾淨。
❷ 將昆布浸泡在清酒中軟化備用。
❸ 製作岩鹽麵團。用攪拌器攪拌蛋白，打至硬性發泡狀態，然後加入岩鹽混合均勻。
❹ 在耐熱盤上放置黑鮑魚，殼朝下，覆蓋上昆布（Ph.1）。用岩鹽麵團將整個黑鮑魚包裹（Ph.2），用刮刀整形成漂亮的圓頂狀（Ph.3）。
❺ 在230°C的烤箱中烘烤10分鐘，然後放在保溫處，讓餘溫繼續加熱（Ph.4）。
❻ 在客人面前切開岩鹽麵團，展示黑鮑（Ph.5），然後回到廚房。將黑鮑殼去除，分離鮑魚肉和肝臟（Ph.6）。
❼ 將黑鮑縱切成兩半，並在切面上劃切成細小的刀痕。用海藻奶油輕輕香煎（Ph.7）。
❽ 將肝臟和牛肉汁一起放入攪拌器中攪打，然後過濾（Ph.8）。加入海藻奶油和黑胡椒調味，作爲醬汁。

翻轉鱈場蟹塔

「翻轉鱈場蟹塔」是一種將餡料蓋在麵團上烘烤的塔類型。柴田主廚使用了兩層輕盈的薄酥皮，分別製作烤蟹和甲殼類醬汁，然後在盤上進行組合。使用的螃蟹是鱈場蟹。「在這道料理中，鱈場蟹的甜味不可或缺，它不會被奶油和奶油醬所掩蓋。用毛蟹的話，味道反而太纖細了。」這道菜是根據柴田主廚在家鄉北海道海灘上吃到的烤蟹回憶而創作的。

[材料]

鱈場蟹腳…1支
蟹肉奶油醬[*1]
蒜蘿（切碎）…適量
塔皮
- 薄酥皮（Pâte filo）…2片
- 澄清奶油（Clarified Butter）
- 蛋白…各適量

完成
- 柚子風味的北非小麥粒（couscous）[*2]
- 春筍
- 松露
- 蟹肉奶油醬
- 沙拉（豆苗、大葉擬寶珠うるい、櫻桃蘿蔔）…各適量

*1 將蟹肉濃湯（→113頁）加入鮮奶油調成醬汁
*2 蒸熟的北非小麥粒加入柚子汁和柚子油，用鹽調味

[製作方法]

❶ 將鱈場蟹的腳取下，連殼一起放在烤架上烤熟（Ph.1, 2）。
❷ 烤熟後，將蟹肉剝下（Ph.3），加入蟹肉奶油醬和蒔蘿，混合均勻（Ph.4）。
❸ 製作塔皮。將薄酥皮攤開在工作檯上，使用刷子塗上澄清奶油，輕輕塗抹一層蛋白液（Ph.5）。再將另一片薄酥皮覆蓋在上方，緊緊黏合。
❹ 使用直徑爲7cm的圓形壓模，將步驟③的塔皮壓切出形狀，並在上下各夾上烤盤紙與派盤，稍微壓緊（Ph.6）。放入預熱至180℃的烤箱中烤約10分鐘（Ph.7）。
❺ 將②的蟹肉放入碗中，加上柚子風味的北非小麥粒。再加入煮熟、切小塊的春筍和切絲的松露，然後舀入用攪拌器打發蟹肉奶油醬所形成的泡沫（Ph.8）。
❻ 將步驟④的塔皮放在上方，再擺上沙拉，最後撒上柚子風味的北非小麥粒。

螢烏賊的洋蔥塔

這道菜靈感來自於法國和義大利地中海沿岸的傳統料理「Pissaladière」。在帕馬森乳酪的脆餅下，藏著煮熟的螢烏賊、炸過的烏賊腳、低溫烹調的洋蔥和番茄等配料。切碎整個螢烏賊包括內臟，與焦糖色的洋蔥混合成的內餡，爲螢烏賊的洋蔥塔增添了來自海鮮的美味和濃郁口感。最後加上沙拉，並搭配芝麻葉泥，這道菜就完成了。

[材料]

螢烏賊
橄欖油
糯米粉 … 各適量
乳酪瓦片
┌ 帕馬森乳酪
└ 玉米澱粉 … 各適量
焦糖洋蔥*
眞空調理的洋蔥（→200頁）
馬鈴薯（油炸）
番茄
羅勒
義大利平葉巴西利 … 各適量

*用奶油炒至焦糖色的切片洋蔥

[製作方法（→補充食譜200頁）]

❶ 清理螢烏賊，去除眼睛、嘴和軟骨。將身體和觸手分開。
❷ 用牙籤固定螢烏賊的身體（Ph.1），放入沸水中快速汆燙。瀝乾水分，撒上橄欖油（Ph.2）。
❸ 將糯米粉均勻撒在觸手上（Ph.3），用中溫米油炸至金黃色。
❹ 製作乳酪瓦片。將帕馬森乳酪磨成粉末，與玉米澱粉混合，篩入塗有不沾塗層的平底鍋中（Ph.4）。噴少量水使其濕潤，開火加熱。待乳酪瓦片凝固後關火，用鏟子取下（Ph.5）。
❺ 將②一半螢烏賊切碎，與焦糖洋蔥混合（Ph.6）。眞空調理過的洋蔥切圓片，放上⑤混合好的烏賊與焦糖洋蔥（Ph.7），再放上②、③、炸馬鈴薯、切成一口大小的番茄、羅勒和平葉巴西利（Ph.8）。盛盤，蓋上乳酪瓦片，再加入其他材料完成（→200頁）。

奶油煎鱈魚白子、蕪菁、春菊泥

白子是和食中的代表性菜餚，以「白子ポン酢」（白子配搭柚子醋）而聞名。然而，柴田主廚卻表示「對於冷的白子和柚子醋的組合不太喜歡」。爲了充分展現白子的濃郁口感，他製作成一道溫前菜。這道菜由奶油煎（meunière）的白子、春菊泥和煮過的蕪菁組成，雖然結構簡單，但他在蔬菜泥上加入辣椒油來增強風味，並凸顯蕪菁剝皮後帶有一點粗糙的口感，講究細節以提高完成度。

［材料］

鱈魚白子…1尾分
鹽
白胡椒
高筋麵粉
奶油…各適量
蕪菁…2顆
春菊泥
雞高湯
辣椒油…各適量

［製作方法（→補充食譜201頁）］

❶ 將鱈魚的白子去除筋膜，切成一人份的大小（約50-60g），輕輕扭轉整理形狀（Ph.1、2）。
❷ 撒上鹽和白胡椒（Ph.3），並沾裹上適量的高筋麵粉。
❸ 在加熱的平底鍋中加入少量奶油，用大火香煎②（Ph.4）。加熱時適度補充奶油，避免過度翻動白子（Ph.5）。當一面變得金黃酥脆時，翻面並輕輕香煎（Ph.6）。
❹ 將蕪菁切成半月狀，在表層上切幾刀，從切口處剝去外皮（Ph.7），並修整邊緣。用鹽抓拌後用水煮熟。
❺ 製作春菊泥（→201頁），加入雞高湯調整濃度（Ph.8），加入辣椒油和鹽調味。

河豚白子、堀川牛蒡、松露、鴨肉清湯

使用褐色高湯燙煮的河豚白子、以鴨肉清湯煮熟的堀川牛蒡，再加上鴨胸肉製成的義大利麵餃，全部盛在一個盤子中。器皿的底部鋪上厚片松露，在客人面前倒入熱騰騰的鴨肉清湯。藉著湯的熱度帶出的松露香氣，同時品嚐白子的風味。爲了使客人在無意識的情況下按照淡至濃的順序品嚐，將白子、牛蒡和義大利麵餃（ravioli）按照順序排列。

［材料］

燙煮白子（pocher）
河豚白子
鹽
褐色高湯（fond brun）
香魚魚露⋯各適量

鴨肉清湯煮堀川牛蒡
堀川牛蒡
鴨肉清湯
松露⋯各適量

［製作方法（→補充食譜201頁）］

燙煮白子

❶ 將刀子沿著河豚白子的筋切入（Ph.1），取出厚的血管。將每份分切爲60g，並撒上鹽（Ph.2）。
❷ 在鍋中煮沸足夠浸泡白子的褐色高湯，轉小火。加入①，煮約10分鐘至煮熟（Ph.3）。
❸ 去除白子的水分。在切面塗上少量香魚魚露（Ph.4），用噴槍稍微炙烤切面部分。

鴨肉清湯煮堀川牛蒡

❶ 將堀川牛蒡切成適當大小後，經過約30分的鹽水煮熟，撈起以鴨肉清湯煮。取出①的牛蒡芯，剝去皮，切成約1cm厚度的片狀（Ph.5），浸泡在鴨肉清湯中，使其入味（Ph.6）。皮則需另外放入低溫烤箱中乾燥。
❷ 重新加熱鴨肉清湯，加入②的皮，讓其散發香氣（Ph.7），然後過濾。
❸ 在碗內鋪入約1.5mm厚度的松露片，用熱燈保持溫度（Ph.8）。
❹ 盛裝燙煮白子、堀川牛蒡和鴨肉義大利麵餃（→201頁），然後在客人面前倒入熱的鴨肉清湯。

雞油蕈蛋卷

將外帶用的煎蛋卷進行改良。雖然外觀呈現西式料理風格，但透過在高溫下香煎的雞油蕈，使其不出水。將濃縮的葡萄酒醬汁與煎熟的雞油蕈搭配，使這道料理提升至美食的境界。關於雞油蕈的處理方法，有一種方式是不用水洗，但如果吃到殘留的沙粒會很糟糕。「我認爲最好的方式是先洗淨，然後在冰箱中晾乾後再使用。」

［材料］

內餡（farce）
雞油蕈
橄欖油
奶油
油封洋蔥*
培根
帕瑪森乳酪
鮮奶油
五加皮（ウコギ）
鹽
白胡椒…各適量

*將洋蔥順著纖維切成薄片，以奶油翻炒

葡萄酒醬汁
紅葡萄酒…300cc
基本醬汁（→201頁）…50cc
奶油…適量

完成
全蛋…4個
鹽…1.5g
鮮奶油…30cc
奶油
細香蔥（切碎）…各適量

［製作方法（→補充食譜201頁）］

內餡

❶ 將雞油蕈去除蕈腳的外皮，並用水沖洗去污垢（Ph.1）。瀝乾水分後，放入冰箱中乾燥約半天（Ph.2）。
❷ 在平底鍋中使用橄欖油煎炒①的雞油蕈，加入奶油，撒上鹽和白胡椒（Ph.3）。
❸ 加入切碎的洋蔥、切成細條的培根、磨碎的帕馬森乳酪和鮮奶油，加熱煮沸。加入煮熟的五加皮（Ph.4）。

葡萄酒醬汁

❶ 將150cc的紅酒放入鍋中，煮至液體幾乎蒸發（Ph.5）。
❷ 將剩餘的紅酒加入①中，再次煮至液體幾乎蒸發（Ph.6）。
❸ 將基本醬汁加入②中，融入奶油（Ph.7）。用鹽調味。

完成

❶ 使用全蛋、鹽和鮮奶油攪拌均勻製成蛋液，在加熱的平底鍋中煎至半熟蛋卷。
❷ 將內餡盛盤，放上①（Ph.8）。淋上葡萄酒醬汁，撒上細香蔥。

豬腳裹藍龍蝦
和小牛胸腺佐佩里哥醬汁

將法國家庭和小酒館料理升級，提升到餐廳的水準，是柴田主廚提出的其中一個主題。他精心處理在美食界很少使用的豬腳，將其包裹上龍蝦或小牛胸腺，製作成奢華而具有震撼力的口味。搭配的是帶有松露香氣的佩里格醬汁和菊芋（Jerusalem artichoke）泥。這道菜可以讓人體驗法國多元的飲食文化。

［材料］

豬腳（已煮熟）*…2隻
龍蝦…2尾
小牛胸腺（Ris de veau）…240g
奶油、高筋麵粉
蘑菇
巴西利、豬網油
白胡椒、鹽
橄欖油…各適量

＊豬腳需預先處理，用加入了調味蔬菜（mirepoix）的白色高湯（fond blanc）煮熟備用

［製作方法（→補充食譜202頁）］

❶ 將煮熟的豬腳（Ph.1）去骨，將保鮮膜鋪在矩形托盤上，豬腳皮朝下鋪平（Ph.2），使其平坦。
❷ 在豬腳上覆蓋保鮮膜，用托盤壓緊冷藏1天。
❸ 當豬腳形狀完全固定後（Ph.3），取出切成約10cm×8cm的長方形，厚度約爲3mm（Ph.4）。
❹ 將預煮過的龍蝦撒上鹽。小牛胸腺（事先處理去除筋膜並燙煮約20分鐘）撒鹽再撒上高筋麵粉。將兩者以奶油香煎（Ph.5）。
❺ 在工作檯上鋪保鮮膜，放③，撒上鹽和白胡椒。放入④、用奶油炒過的蘑菇和切碎的巴西利（Ph.6），整個捲起。
❻ 再次用保鮮膜包裹（Ph.7），放入袋中眞空密封。冷藏冷卻使其更加緊實。
❼ 取出⑥，去掉保鮮膜，用豬網油包裹，撒上白胡椒。在熱油中煎至金黃色（Ph.8）。

豬頭肉凍

使用小野豬的頭肉製作的 Fromage de tête，上面放松露片和薯條，搭配胡蘿蔔泥和油菜花的庫利（coulis）。這一道豬頭肉凍特意不添加有咀嚼感的耳朵，追求在口中融化消失的口感。使用鴨肉清湯而非高湯來凝結全體，味道清爽，口感鮮明，符合高級餐廳的風格。

［材料］

仔野豬的頭肉…半顆份
調味蔬菜（mirepoix）（胡蘿蔔、洋蔥、西洋芹）
鹽
白胡椒
芥末醬
油封甘蔥（shallot confit）
巴西利…各適量
鴨肉清湯（duck consommé）…250cc
明膠片…1片

［製作方法（→補充食譜202頁）］

❶ 將野豬頭上殘留的毛燒焦連續進行1至2天。浸泡在水中以去除血水，取出瀝乾。
❷ 在鍋中加入水、①、調味蔬菜和鹽，從冷水開始加熱至沸騰。煮約4小時。
❸ 當豬頭肉變軟後取出（Ph.1），去除骨頭（Ph.2）。頰肉和舌肉分開放置（Ph.3）。
❹ 在盤子上平均地鋪開③的頭肉、頰肉和舌肉，使其平坦，撒上鹽（Ph.4）。蓋上保鮮膜放入冰箱。
❺ 待④冷卻凝固後取出（Ph.5），切成約1cm大小的方塊（Ph.6）。
❻ 放入碗中，加入鹽、白胡椒、芥末醬、油封甘蔥（省略解說）、切碎的巴西利調味。泡水還原再擠乾的明膠片，加入鴨肉清湯內煮至融化（Ph.7），放置微溫。將鴨肉清湯倒入模具中，冷藏至凝固。
❼ 待⑥凝固後，切成厚度約1cm的片狀，再切成2cm大小的正方形（Ph.8）。與其他材料一起盛盤（→202頁）。

V

MAKOTO ISHII

Le Musée

石井誠主廚是一位充滿感性的人。
他致力於將北海道豐富的自然和食材，透過自製的器皿，
甚至是繪畫來傳達。
他的座右銘是「料理應該盡可能易於理解」。
即使訊息很多，客人也不會感到困惑，
因爲「每道菜總是帶著每個人都能感受到的美味」。

森／生態系 自然觀

「Le Musée」的象徵作品，展現了北海道的生態系和自然的魅力。這道迎賓小點的內容根據年份和季節而變化，但以石井主廚終身追求的北海道「森林」和其中生長的「蕈菇」相關食材為主軸。照片是3月份的開胃小點（amuse bouche），使用包括蕈菇碎（duxelles）製成的森林可樂餅（croquet）、以乾燥蕈菇高湯結合昆布高湯、雉雞清湯的森林清湯…等共6種（→食譜203頁）。

蕈菇酥餅

（→140頁）

蕈菇黑酥餅

開心果苔蘚

百合根蒙布朗

（→141頁）

森林可樂餅

森林清湯

蕈菇酥餅

餐廳自製的香菇粉加入酥皮製成的酥餅是一道經典的產品。以一口大小烘烤，配以添加了蘑菇碎的奶油和無花果乾。如果在這個麵團中加入竹炭粉烘烤，就會成爲黑色的蕈菇酥餅。透過增加變化，展現口感、風味和外觀的變化，也能表現大自然的多樣性。

［材料］

蕈菇酥餅

- 香菇粉…25g
- 低筋麵粉…60g
- 杏仁粉…80g
- 糖粉…20g
- 玉米澱粉…10g
- 鹽*1…5g
- 奶油…150g

蘑菇奶油*2

無花果乾…適量

*1 所使用的鹽都是北海道南部熊石產的「釜炊き一番塩」

*2 將蘑菇碎和奶油混合而成的蘑菇奶油

［製作方法］

❶ 將香菇切下的邊角料（分量不計）放入食品乾燥機中乾燥（Ph.1）。使用攪拌機將乾燥的香菇攪打成香菇粉（Ph.2, 3）。

❷ 在碗中將過篩的香菇粉、低筋麵粉、杏仁粉、糖粉、玉米澱粉和鹽混合在一起（Ph.4, 5）。

❸ 加入冰冷的奶油，用手指擠壓並混合均勻（Ph.6, 7）。

❹ 將麵團塑成直徑2cm的圓球狀（每個約3.5g），放入預熱150℃的烤箱中烘烤13分鐘（Ph.8）。

❺ 在烤好④的酥餅上放蘑菇奶油和無花果乾即可。

百合根蒙布朗

這是使用北海道帶廣的山西農園生產的百合根，製作模擬栗子蒙布朗的菜餚。將松露和鵪鶉半熟蛋以擠出的百合根泥覆蓋，讓客人可以一口吃下。石井主廚表示：「我們的開胃小點（amuse bouche）有許多種類，與許多素材組合而成，因此提高每個單一素材的完成度非常重要。我們擬眞的蒙布朗也會在最完美的狀態下供應。」

［材料］

百合根泥
- 百合根…500g
- 奶油…50g
- 鮮奶油…25g
- 鹽…適量

松露（切碎）…適量
鵪鶉蛋（半熟）…1個
香菇粉…適量

［製作方法］

❶ 百合根逐片剝開，用水洗淨。
❷ 將①加入鹽水中煮熟，瀝乾水分（Ph.1, 2）。
❸ 將煮熟的百合根放回鍋中稍微加熱，同時用木杓輕壓搗碎（Ph.3）。待搗碎至適當程度後，過篩（Ph.4）。
❹ 在③中加入奶油和鮮奶油，用鹽調味（Ph.5）。用刮刀攪拌成蓬鬆的糊狀（Ph.6）。舀入裝有蒙布朗花嘴的擠花袋中備用。
❺ 將松露和煮熟的鵪鶉蛋放在器皿上，擠上④（Ph.7, 8）。篩上香菇粉。

喜知次／毛蟹
紅甜椒／番茄／草莓

在鄂霍茨海中捕撈的喜知次和毛蟹，進行氽燙去腥處理，與鮮豔的紅色汁液相結合。濃湯是使用紅甜椒、番茄和草莓的汁液，經過一種稱爲「旋轉蒸餾器（rotary evaporator）」去除水分，使風味濃縮。這樣的酸度可以緩和喜知次的油脂成分。「掉進另一個瓶子中的無色液體，萃取出了食材的香氣，也可以將其製作成泡沫等形式」。

［材料］

紅甜椒汁
紅甜椒…4個
番茄…4個
草莓…10個
鹽…蔬菜重量的1%
砂糖…蔬菜重量的1%

毛蟹
毛蟹…1杯
昆布高湯…適量

［製作方法（→補充食譜203頁）］

紅甜椒汁

❶ 將紅椒、番茄和草莓切成適當大小。去除紅椒的芯和籽。撒上鹽和糖（Ph.1）。
❷ 將①放入慢磨榨汁機中（Ph.2）。
❸ 將榨取的汁液倒入圓茄形狀的瓶中（Ph.3），放入旋轉蒸餾器＊中，在35°C和80轉／分的條件下進行減壓（Ph.3, 4）。使用萃取出的濃縮汁液（Ph.6）。

毛蟹

❶ 毛蟹在生的狀態下取出蟹肉，用昆布高湯迅速煮熟蟹腳（Ph.7）。
❷ 再浸入冰水中，使其張開成花狀（Ph.8）。

＊旋轉蒸餾器（亦稱爲旋轉蒸發器）是一種化學設備，透過將液體放入瓶中，施加負壓進行蒸餾。將裝有液體的瓶子放入恆溫槽，同時加熱並旋轉，利用眞空泵進行減壓和蒸餾。蒸餾後產生的無色透明液體會收集在接收瓶中，而濃縮液則留在裝有液體的瓶子內。

宛若青蘋果
牡蠣／厚岸威士忌

北海道厚岸產的特大牡蠣以雙盤的方式供應。但殼中盛放的只有牡蠣汁的泡沫，和類似牡蠣香味的牡蠣葉。首先，讓客人感受牡蠣的香味，然後建議他們先嘗試左手邊的牡蠣盤。牡蠣浸泡在蘋果和青檸汁中，並用厚岸產威士忌和胡椒調味，重新建構了石井主廚喜愛的「牡蠣和青蘋果」組合。

［材料］

牡蠣（厚岸產かきえもん。大尺寸）…8個
大豆卵磷脂…每100g液體1.5g
牡蠣葉…1片
蘋果…1個
奇異果…1個
青檸檬…1個
西洋芹…1根
昆布高湯（用冷水製成）
威士忌（厚岸蒸餾所・厚岸 NEW BORN FOUNDATIONS 1）
細香蔥油
西洋菜
黑胡椒、鹽…各適量

［製作方法］

❶ 將牡蠣殼打開，將內部的液體過濾（Ph.1, 2）。將洗淨的牡蠣肉浸泡在濾出的液體中（Ph.3）。
❷ 將①的液體倒入圓茄形狀的瓶中，放入旋轉蒸餾器，在35°C和80轉／分的條件下進行減壓，使用萃取出的濃縮汁液，加入大豆卵磷脂並攪打，製作出泡沫（Ph.4）。
❸ 削去蘋果、奇異果和青檸檬的皮，切成適當大小。將西洋芹切成適當大小，將所有材料放入慢磨榨汁機中（Ph.5, 6, 7）。
❹ 在煮沸消毒的牡蠣殼上舀入②的泡沫，擺上牡蠣葉，輕輕撒上一點鹽。將牡蠣殼放在碟子上。
❺ 在另一個容器中，倒入③的果汁和少量的昆布高湯，然後放上①的蠔肉。灑上威士忌（Ph.8）、細香蔥油，擺上西洋菜，少許黑胡椒。

牡丹蝦／帶廣山西農園產百合根“月光”
龍蒿／茜色澄清湯

3月份噴火灣春季捕撈解禁獲得的牡丹蝦。我們思考了如何將其甜美而濕潤的特質發揮到極致，最終選擇與同樣具有甜味和濕潤感的百合根結合。將牡丹蝦輕輕蘸上昆布高湯，將百合根以奶油燉煮。用紅甜椒和番茄萃取出的清爽汁液「茜色澄清湯」爲其增添酸味，而龍蒿則帶來清新的香氣。

［材料］

<u>茜色澄清湯</u>
番茄…4個
紅甜椒…4個
鹽…蔬菜重量的1%
砂糖…蔬菜重量的1%

<u>百合根奶油燉煮</u>
百合根…1個
奶油（含鹽）
鹽…各適量

［製作方法（→補充食譜204頁）］

<u>茜色澄清湯</u>

❶ 將番茄和甜椒切成適當大小，去除甜椒的芯和籽。撒上砂糖和鹽（Ph.1），然後使用慢磨榨汁機榨出汁（Ph.2）。

❷ 將①的果汁和渣一同放入鍋中，加熱後保持在70°C，持續加熱1小時（Ph.3）。當液體和固體分離後，關火用鋪有紙巾的漏網過濾（Ph.4）。

<u>百合根奶油燉煮</u>

❶ 清洗並清理百合根，將鱗片分散開來（Ph.5, 6）。

❷ 將①的百合根和奶油一同放入鍋中，加熱後加蓋，以70°C加熱20分鐘（Ph.7, 8）。以鹽調味。

春天來臨
鯡魚卵／蜂斗菜／帆立貝

石井主廚被稱爲「無比喜愛鯡魚卵」。將鯡魚卵微妙的苦味與春天到來相聯繫，在一個盤子中將鯡魚卵與炸蜂斗菜和橄欖油結合，以「苦味相連」的概念完美呈現。他親自製作了黃色的陶器，盛載了鯡魚卵、帆立貝、黃甜椒和芒果汁等食材，使整體保持一致的黃色調。白色的昆布泡沫隨著炸蜂斗菜的熱度逐漸融化，表現出雪融的景象。

［材料］

鯡魚卵

鯡魚卵…2尾分
鹽
一番高湯（鰹魚昆布高湯）…各適量

昆布泡沫（Espuma）

昆布高湯…150cc
昆布粉…1g
牛奶…50cc
鮮奶油…100cc
明膠片…1片
增稠劑（Sosa黃原膠 xantana）…0.5g

［製作方法（→補充食譜204頁）］

鯡魚卵

❶ 從鯡魚身上取出卵巢（Ph.1, 2），浸泡在飽和食鹽水中約3天（Ph.3）。
❷ 去除血合和薄膜後，再次浸泡在鹽分濃度爲3%的食鹽水中一晚。逐漸降低鹽分濃度至2%、1.5%，進行去鹽，最後浸泡在鹽分濃度爲1%的一番高湯（省略解說）中，完成（Ph.4）。
❸ 若要保存，應進行眞空處理並冷凍。

昆布泡沫（Espuma）

❶ 將鍋中加入昆布高湯和昆布粉，加熱（Ph.5）。加入牛奶、鮮奶油、水中浸泡軟化的明膠片和增稠劑，使用攪拌器攪打（Ph.6）。過濾。
❷ 將①倒入虹吸氣壓瓶中冷藏，供應時擠出泡沫（Ph.7）。

北海道的冬季景色／一片銀白世界
Le Musée沙拉 · 2020 Version

自開業以來的15年間，「蔬菜作品」的料理創作，一直以北海道日常變化的景色爲靈感。今年的新作以從初雪到雪融的季節爲主題，描繪出一片銀白世界。白蘿蔔、蕪菁、馬鈴薯、百合根、花椰菜等白色蔬菜，被烹調成各種料理，搭配貝斯（La berce）的泡沫、生火腿、番茄等進行擺盤。最後在客人面前注入「鮭魚高湯」作爲最後的點綴。

［材料］

蔬菜和泥
（→205頁）…適量

貝斯的泡沫
貝斯（La berce）* …適量
奶油…20g
大豆卵磷脂…1.5g

＊貝斯（La berce）是獨活屬（Heracleum）的草本植物。在初夏時收穫，冷凍保存。

鮭魚高湯
乾燥鮭魚（鮭節）
馬鈴薯皮（乾燥）…各適量
鮭魚一番高湯* …200cc

＊和鰹魚一番高湯的萃取法相同，但改用乾燥鮭魚製作

完成
生火腿…1片
刨絲的乳酪（興部乳酪）
…適量

［製作方法（→補充食譜205頁）］

蔬菜和泥
❶ 將蔬菜進行醃泡、醃漬、燉煮和鹽水煮等處理（Ph.1）。
❷ 同樣地，用白色或灰色的蔬菜製作成泥 purée(Ph.2)。

貝斯的泡沫
在鍋中加入貝斯（Ph.3）和奶油加熱（Ph.4）。去除浮沫，熄火後靜置約30分。過濾，加入大豆卵磷脂並攪打至形成泡沫。

鮭魚高湯
在虹吸壺的上方容器中放入乾燥鮭魚和馬鈴薯皮，下方容器中放入鮭魚的一番高湯加熱，以萃取出鮭魚高湯（Ph.5, 6）。

完成
在盤子上放薄片的生火腿（Ph.7, 8）等配料，加上蔬菜和泥，以及貝斯泡沫。在客人面前注入鮭魚高湯。

循環／從森林到海洋

以「從森林到海洋，從海洋到森林的水循環自然法則」爲主題，結合象徵森林的蘑菇精華液和象徵海洋的蒸煮鱈魚白子。溫暖的精華液中散發出蘑菇的香氣，與新鮮白子的濃滑口感融爲一體，帶來令人陶醉的風味。在精華液製作完成後，剩下的蘑菇殘渣被乾燥並製成粉末，最後撒在上方作爲點綴。

［材料］

鱈魚白子

眞鱈白子…1尾分

蘑菇高湯

蘑菇（とかちマッシュ）…500g

礦泉水*…500g

鹽之花…10g

* 料理中使用的所有礦泉水都是從北海道京極町的「羊蹄山湧泉」取得。

蘑菇粉

「蘑菇高湯」萃取後的殘渣…適量

［製作方法（→補充食譜205頁）］

鱈魚白子

❶ 將鱈魚的白子去除筋膜，並用流水洗淨。將白子放入冰水中浸泡，然後放入冷藏庫冷藏約1小時，以去除腥味。

❷ 隨後，將白子澈底擦乾水分，分成每人一份（約30g）。將白子放在鋪有網架的烤盤上，以60°C、100%濕度的蒸氣對流烤箱中蒸5分鐘。

蘑菇高湯

❶ 將蘑菇切片（Ph2, 3），與礦泉水和海鹽一起放入袋子中，進行眞空處理。在100°C、100%濕度的蒸氣對流烤箱中蒸1小時（Ph.4）。

❷ 將①過濾，取出所需量放入鍋中加熱（Ph.5）。保留殘餘的蘑菇渣。

蘑菇粉

❶ 將製作蘑菇高湯時殘餘的蘑菇渣水分充分瀝乾（Ph.6），然後在食品乾燥機中完全乾燥（Ph.7）。

❷ 將①使用研磨機打成粉末（Ph.8）。

噴火灣河豚／多種變化

在 Le Musée，我們也提供著重於河豚料理的套餐。從河豚萃取「非常濃郁的清湯」和用清酒蒸煮的白子製成泥，並使用從魚皮煮出的膠質自然凝固成白子凍（blanc mange）。使用清酒蒸煮白子的原因是因爲「葡萄酒會干擾味道」，因此我們控制了清酒的用量，以確保不會帶來濃烈的酒味。魚肉部分則經過蒸煮，並與番紅花風味的澄清奶油搭配。

［材料］

河豚清湯（consommé）
河豚（魚肉和皮）…1尾分
礦泉水…適量
清酒
昆布高湯…各少量

白子凍（Banc mange）
河豚的白子…1尾分
清酒…少量
河豚清湯…適量

［製作方法（→補充食譜205頁）］

河豚清湯

❶ 處理河豚（Ph.1）。使用魚肉和皮（Ph.2）。
❷ 將皮放入滾水中汆燙，然後放入冰水中冷卻（Ph.3）。使用牙刷等工具刷洗，徹底去除黏滑感。
❸ 將河豚的魚肉和皮放入鍋中，加入適量的礦泉水、清酒和昆布高湯（大致加到覆蓋住材料的程度）。加熱待水滾後，仔細撇去浮沫，煮沸約30分（Ph.4）。
❹ 用濾紙過濾（Ph.5）。一部分倒入容器中，冷藏使其凝固（Ph.6）。另一部分留存，用於製作河豚白子凍。

白子凍

❶ 將清酒倒入鍋中加熱，加入適量切好的河豚白子，蒸煮約2分鐘（Ph.7）。
❷ 將①和河豚清湯以1：1的比例混合，使用手持攪拌器攪打均勻（Ph.8）。過濾並冷藏備用。
❸ 將②倒入凝固河豚清湯的上層。

海洋／單色描繪
蝦夷鮑／香菇

蒸鮑魚和烤香菇的結合，是一道講究「火候和食材品質」的料理。選用厚實、中心部分豐滿、且味道濃郁的香菇。香菇在這道料理中有著不輸給鮑魚的存在感。首先向客人展示帶殼蒸煮的鮑魚，然後以黑白兩色的盛裝方式呈現，彷彿讓人想起墨黑的大海。醬汁則以鮑魚的肝臟配合馬蜂橙（kaffir lime）和鷹爪椒，營造出東南亞風味的口感。

［材料］

蒸鮑魚

蝦夷鮑…1個

醬汁

昆布高湯…300cc
清酒…60cc
北海道鮑魚肝（蒸煮後）
薑片…2片
馬蜂橙葉…2片
鷹爪椒…2根
奶油…30g
竹炭粉…1小匙
乳化劑（Sosa sucro emul）…1小匙

［製作方法（→補充食譜206頁）］

蒸鮑魚

❶ 以北海道鮑魚的褶皺為中心，輕輕用牙刷清潔表面（Ph.1）。
❷ 在鋪有網子的盤中，將①以殼朝下放入，用保鮮膜包覆，以80°C、100%濕度的蒸氣對流烤箱蒸13分鐘（Ph.2, 3）。
❸ 將鮑魚從殼中取出，修整並縱向切成兩半。保留肝臟。

醬汁

❶ 在鍋中加入昆布高湯、清酒、鮑魚肝、薑片、馬蜂橙葉和鷹爪椒，開火加熱（Ph.4）。
❷ 待水滾後，撇去浮沫，加入奶油。奶油融化後，熄火，靜置30分（Ph.5）。
❸ 使用手持攪拌器攪打均勻（Ph.6），然後過濾。
❹ 將竹炭和乳化劑加入③（Ph.7），使用手持攪拌器打發至產生泡沫（Ph.8）。

土壤的漸層
牛蒡／札幌黃色義大利麵餃

在一個盛有中富良野產，極粗牛蒡泥、洋蔥和乳酪麵餃的碗中，加入牛蒡和牛奶，再加上兩種泡沫，並倒入熱騰騰的雉雞清湯。「像是用味噌融在沸騰前完成的味噌湯」（石井主廚）的概念來製作這道料理。在碗中，不同元素像地層一樣層疊擺放，用湯匙舀起，每一口都會帶來不同的風味變化。

［材料］

牛蒡泥

北海道中富良野產的極粗牛蒡…3根
紅蔥頭（Échalote薄片）…100g
白色高湯
發酵大蒜（蒜泥）
雉雞清湯
橄欖油… 各適量

牛蒡精萃泡沫

牛蒡的皮…1根
礦泉水…200cc
大豆卵磷脂…3g

［製作方法（→補充食譜206頁）］

牛蒡泥

❶ 將牛蒡洗淨並削去皮（Ph.1），切成薄片。保留削下的皮。
❷ 在鍋中加熱橄欖油，炒紅蔥頭。加入切片的牛蒡（Ph.2），繼續炒直到牛蒡的體積減少約一半。
❸ 將高湯加入②中（Ph.3），待沸騰後撈除浮沫，然後續煮至充分煮熟。加入發酵大蒜泥。
❹ 將③倒入攪拌機中，攪打成泥狀（Ph.4, 5）。使用預熱的雉雞清湯稀釋以調整濃度。

牛蒡精萃泡沫

❶ 將牛蒡的皮放入預熱至200°C的烤箱中烤約20分鐘（Ph.6）。
❷ 將①的牛蒡皮和礦泉水放入圓茄形狀的瓶中（Ph.3），放入旋轉蒸餾器以35°C、80轉／分的速度進行減壓（Ph.7）。使用收集在瓶中的透明牛蒡精萃（Ph.8）。
❸ 將大豆卵磷脂加入②，以均質機攪打至產生泡沫。

蝦夷馬糞海膽／生海苔／香深昆布

在 Le Musée 餐廳，我們根據用途使用兩種不同的昆布高湯：浸泡和水煮兩種。以其高品質而聞名，禮文島產的香深昆布，專用於浸泡昆布高湯。在這裡，我們用簡單的料理方式，將海膽浸泡在香氣濃郁的浸泡昆布高湯中，以表現出「異次元的超凡美味」。將覆蓋有生海苔和草本泡沫的海膽，混合左側加有蛋黃的大麥燉飯，建議以「海膽丼」的形式享用。

［材料］

昆布和生海苔醬

浸泡昆布高湯…50cc

- 昆布（香深昆布）*1…40g
- 礦泉水…1L
- 鹽…10g

增稠劑（Sosa黃原膠 xantana）…0.2g

生海苔…適量

完成

蝦夷馬糞海膽…4個

浸泡昆布高湯…適量

香草泡沫*2…各適量

*1 禮文島香深產的昆布。這是用於日本料理一番高湯的種類

*2 季節的香草與水經過蒸餾器蒸餾，加入大豆卵磷脂後攪打至產生泡沫

［製作方法（→補充食譜206頁）］

昆布和生海苔醬

❶ 製作昆布高湯。將礦泉水中加入鹽溶解，再加入昆布。放入冰箱冷藏二晚以完成浸泡昆布高湯（Ph.1, 2）。再將昆布取出。

❷ 將①放入鍋中加熱。使用增稠劑調整稠度，再加入生海苔拌勻（Ph.3）。

完成

❶ 將蝦夷馬糞海膽去殼取出生殖腺（Ph.4, 5）。將其浸泡在浸泡昆布高湯中（Ph.6）。

❷ 將①中的海膽瀝乾水分（Ph.7），填入經消毒的海膽殼中。淋上昆布和生海苔醬（Ph.8），再加上香草泡沫。

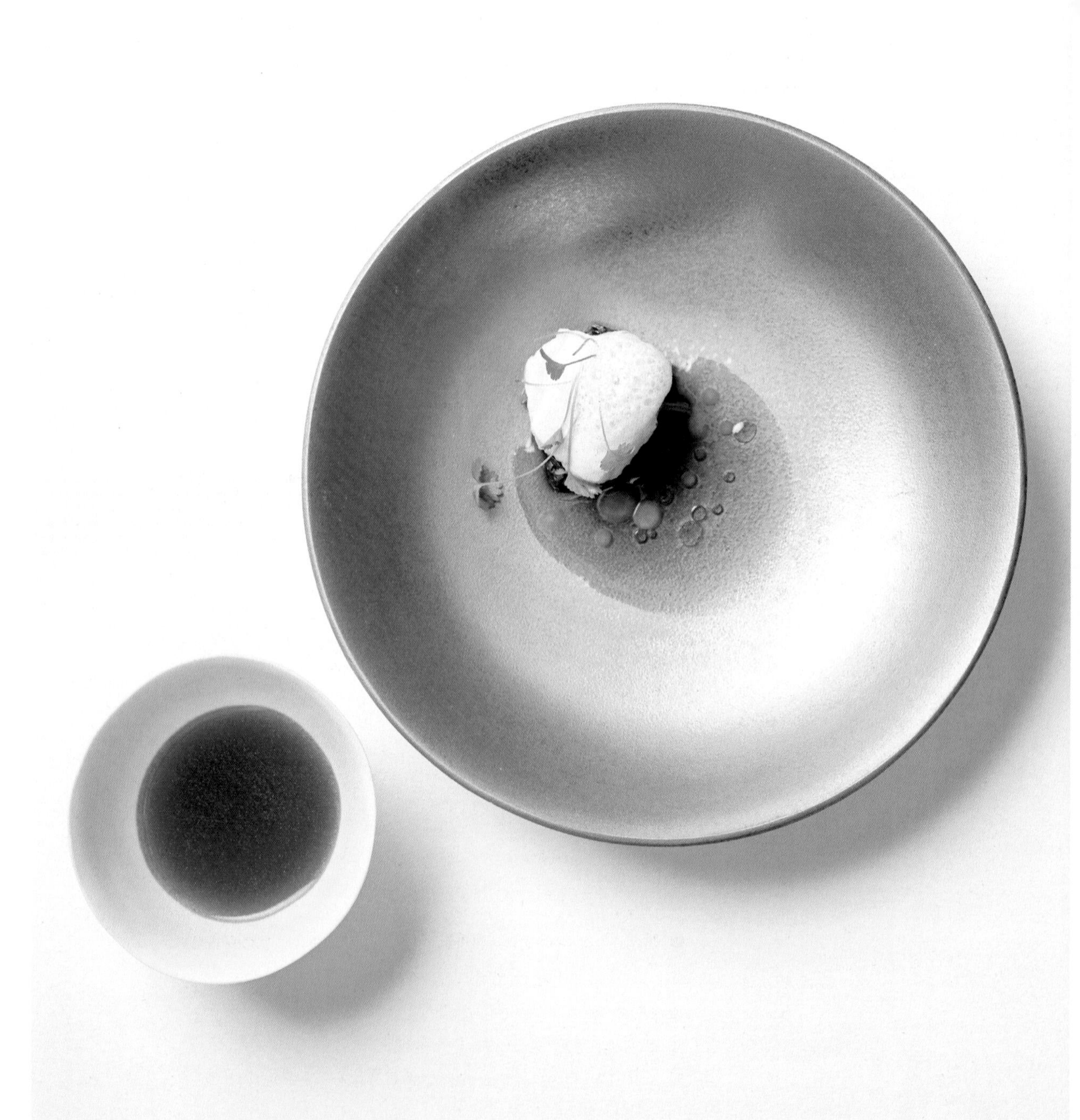

異國風情
鮟鱇魚／椰奶／青檸

石井主廚表示，數年前在曼谷接觸到泰國料理後，開始以各種北海道產的食材進行泰式酸辣湯（Tom Yum Kung）的改良。其中包括書中第158頁的醬汁。該料理將蒸好的鮑魚盛放在碗中，然後點綴上蝦夷蔥油、雞醬、青檸汁和薑汁。最後，以蝦爲基礎的高湯加入馬蜂橙葉和辣椒粉調味的「泰式酸辣湯醬汁」直接在客人面前注入碗中，完成這道料理。

［材料］

蒸鮟鱇魚（vapeur）

鮟鱇魚…1尾
鹽…適量

泰式酸辣湯醬汁

蝦湯

- 蝦（淡水蝦、明蝦等）…2kg
- 大蒜…4瓣
- 橄欖油
- 調味蔬菜 mirepoix（胡蘿蔔、洋蔥、西洋芹）…適量
- 白葡萄酒…1瓶
- 水…適量

辣椒粉、馬蜂橙葉、鹽…各適量

［製作方法（→補充食譜207頁）］

蒸鮟鱇魚

❶ 分解鮟鱇魚。魚肉去除筋和薄膜，撒上鹽後用脫水紙包裹起來（Ph.1）。放入冰箱靜置一晚。

❷ 將①切成約5cm×5cm，厚度約1.5cm的塊狀（Ph.2），放入溫度70℃、濕度100%的蒸氣對流烤箱中蒸3分鐘（Ph.3）。

泰式酸辣湯醬汁

❶ 製作蝦湯。將蝦放入預熱至200℃的烤箱中烤至香脆（Ph.4）。

❷ 在熱的深鍋中加熱橄欖油，炒香蒜末，然後加入①繼續翻炒並慢慢壓碎（Ph.5, 6）。

❸ 待全部混合均勻後，加入調味蔬菜，注入白葡萄酒和水煮沸。撈除浮沫，煮約2小時（Ph.7）。

❹ 過濾後，加入辣椒粉和馬蜂橙葉，進行短時間的浸泡。用鹽調味，再次過濾（Ph.8）。

牛仔／灰色針織／海軍藍

石井主廚以喜歡的時尚搭配爲靈感，故意追求「非傳統料理視覺效果」的創作。使用自製的牛仔布紋器皿，盛載著以竹炭染色的馬鈴薯慕斯、魚子醬和馬鈴薯。上面淋上了以蝶豆花製成的藍色醬汁。儘管外觀引人注目，但口感卻帶有令人安心的美味感受，這種對比帶來了新的驚喜。

［材料］

海軍藍醬汁

馬鈴薯（成熟的 May Queen 品種）的皮
礦泉水
蝶豆花*
熱開水 … 各適量

＊乾燥的豆科植物蝶豆的花朵。常作爲草本茶，浸泡後會呈現出鮮豔的藍色

完成

馬鈴薯（→207頁）
魚子醬
灰色慕斯（→207頁）… 各適量

［製作方法（→補充食譜207頁）］

海軍藍醬汁

❶ 將馬鈴薯削皮（Ph.1）。將皮放入預熱至200℃的烤箱中，烤至乾燥變脆（Ph.2）。

❷ 將削好的馬鈴薯皮和礦泉水放入圓茄形狀的瓶中，放入旋轉蒸餾器以35°C、80轉／分的速度進行減壓（Ph.3）。將留在圓茄瓶中的液體過濾，預留備用（Ph.4）。

❸ 將蝶豆花浸泡在熱水中，獲取草本液（Ph.5）。

❹ 將藍色的液體③與②蒸餾萃取出棕色的液體混合，會變成青灰色，因此可以在小碟子等容器中試著平衡色澤（Ph.6）。

完成

❶ 將盤子中放上馬鈴薯、魚子醬和灰色慕斯。

❷ 將藍色液體倒入①（Ph.7），再逐漸加入少量的棕色液體，調整至呈現海軍藍（Ph.8）。

細緻層次
蝦夷鹿／牡蠣

「北海道鹿的紅肉與鯨魚或鮪魚相似」（石井主廚）的說法啟發了這道菜的創作。「以製作魚料理的思維構築而成」。將北海道鹿的大腿肉進行真空烹調，然後在柴火的餘燼上輕輕燻製。透過添加傳承自阿伊努族（アイヌ）的香料 Sikerpe（シケレペ）的香氣、檸檬的酸味和牡蠣的海味等各種「細微的差別」，展現出北海道鹿肉的血香和輕盈口感。

[材料]

蝦夷鹿

鹿肉（knuckle 部位）
橄欖油
鹽… 各適量

Sikerpe 泡沫

Sikerpe 的果實*…15g
礦泉水…200cc
大豆卵磷脂…3g

* Sikerpe 的果實。是阿伊努族料理中不可或缺的香料，乾燥的果實用於燉煮料理，果皮煎煮後可用作胃藥，多種用途。

[製作方法（→補充食譜 207 頁）]

蝦夷鹿

❶ 將鹿的腿肉拆解，切下後腿前 knuckle 部位（Ph.1, 2），切成 1 人份的薄片（約 50g ）。
❷ 在鹿肉上撒鹽，用塗有橄欖油的保鮮膜包裹（Ph.3），放入袋中進行真空烹調。
❸ 以 50℃的水浴烹煮 40 分鐘（Ph.4），在上菜前用柴火燒烤表面。

Sikerpe 泡沫

❶ 將 Sikerpe 的果實用力敲碎（Ph.5, 6）。
❷ 在旋轉蒸餾器的圓茄形狀的瓶中放入①，以 35°C、80 轉／分的速度進行減壓（Ph.7）。使用收集在接收瓶中的透明液體（Ph.8）。
❸ 將大豆卵磷脂加入②的液體中，使用手持攪拌器攪打至形成泡沫。

我的前菜論

關於新的料理創意、值得關注的技術、

菜單構成以及前菜在其中扮演的角色…等

現代前菜的思考與策略，以下是5位主廚的觀點。

LIONEL BECCAT

ESqUISSE

リオネル・ベカ

出生於1976年法國的科西嘉島，成長於南法。在羅亞訥的「Troisgros」餐廳工作後，於2006年來到日本。成爲東京新宿「Cuisine[s] Michel Troisgros」（目前閉店）的主廚，並在2012年「ESqUISSE」開業時擔任行政主廚職務。

—

ESqUISSE エスキス

東京都中央区銀座5-4-6 ロイヤルクリスタル銀座9F
Tel. 03-5537-5580
https://www.esquissetokyo.com

Q：套餐中，前菜的定位是什麼？

晚間套餐的組成爲－前菜5道、魚料理、肉料理、乳酪、前甜點、正式甜點、小糕點。其中，我認爲前菜是廚師可以依個人感覺，呈現對世界的觀察和想法的地方。

魚料理和肉料理的每個組成部分（主要食材、配料、醬汁等）都有明確的角色和嚴格的規則，料理必須符合某種「應有的樣子」。可以說，需要的是踏實的美味。然而，前菜則更具自由性。在味道、調理方式和擺盤上，沒有嚴格的規則。前菜可以像”人生一樣多樣化”。

然而，我並不喜歡過於自我表現。如果資訊過於複雜，會讓用餐者感到困惑。作爲廚師，也是料理職人，始終追求以美味爲基礎。

此外，未來對食材和料理的背景──對地球友善的生產和烹飪方式──的理解和考慮將變得更加重要。隨著時代、技術、社會和文化的演進，我們需要意識到前菜也在不斷進化。

Q. 前菜中重視的是什麼？

在我的腦海中總是充滿著各種想法，我會從中選擇哪些好的想法來開始料理。一旦確定了方向，接下來只需要相信直覺並把握住它。

例如，「直覺 | 扇貝和洛克福」這道菜的靈感來自於我在新宿思い出横丁的一家居酒屋品嚐到的炭火燒扇貝，深受感動。在法國，扇貝被視爲精緻高級食材，但無法想像它可以成爲一道粗曠有力的料理。我被這種對比吸引，想將它呈現在餐廳的菜餚中。另一道菜「轉變 | 魷魚與魚卵」以發酵爲關鍵詞，將我南法海域和日本海域的背景結合起來，試圖創造出一種「海洋風味的 Charcuterie」。

我的基礎是在法國「Troisgros」時代，在那裡負責冷盤料理。體驗到各種食材的風味和口感差異，學會了如何在一道菜餚中適當地結合它們，保持適度的距離感。很多年輕的廚師都嚮往著 Rôtisseur（燒烤師傅）或 Saucier（醬料師傅），對於擔任冷盤料理師傅這個職位並不感興趣，但這大錯特錯。這個職位涉及與食材互動，切割，醃製和加工等重要技術。正如 Pierre Troisgros 曾經說過：「沒有好的冷盤料理師傅，就不會有好的餐廳。」

KEN KUDO

Maison Lafite

工藤 健

出生於1976年，福岡那珂川町（現那珂川市）。中村調理製菓專門學校畢業後，他在市內的酒店和法國料理餐廳研習學藝。2006年籌備獨立之際，前往法國，在洛林地區的一星級餐廳積累了一年的經驗。2008年回國後，在距離新幹線博多南站約20分鐘車程的自然環境包圍下，開設了「Maison Lafite」。

—

Maison Lafite メゾン・ラフィット

福岡県那珂川市大字西畑941
Tel. 092-953-2161
http://maisonlafite.web.fc2.com

Q：套餐中，前菜的定位是什麼？

前菜是可以最自由表現自己的地方。在料理的溫度和色彩上都具有自由度，而且可以在一道菜餚中透過小份量的試驗來嘗試各種不同的創意。

在我們的晚間套餐中，首先會提供4種小點心。接著是一道小碟前菜，之後是大約4道盛在盤子中的前菜。我們逐漸提升「料理感」，印象裡點心到小碟前菜的數量愈多，客人愈享受其中。

這些小點心最初是受到 El Bulli的影響而開始製作的。起初我也以爲我會對它們感到厭倦，但食材的組合方式是無限的，試驗新的想法令我感到快樂，即使開店已經12年，仍然不會感到厭倦（笑）。我會在麵團本身下功夫，或者只抽取食材的精華供客人品嚐 ...，希望能在這個部分讓客人著迷。

餐廳的料理，尤其是前菜，需要的不僅僅是「美味」，還需要附加的元素。如果魚料理是日式的醬汁，客人可能會問：「這是日本料理嗎？爲什麼？」但是，對於前菜來說，不論是和風、中華風還是義式風格，都可以融入喜歡的元素。事實上，我會使用鰹魚高湯、素麵和義大利麵等多種食材。

Q. 前菜中重視的是什麼？

重要的是在整體套餐流程中創造一個「故事」。僅僅隨心所欲地做自己想做的料理，並不會成爲一個故事。需要明確給予每盤料理角色，有時甚至需要故意打破味道的平衡。如果每道菜過於平衡，可能會導致印象相似的料理連續出現。

我經常在菜單中加入使用安納芋、玉米、肥肝等，「有甜味的料理」。雖然本能上想要添加鹽味，但我會強忍住並以甜味爲主。這樣做可以爲整個套餐帶來節奏感，並在客人的印象中留下深刻的印記，包括前後的菜餚。

如果還有其他的規則，那應該是不脫離「法國料理」的框架。這可能看起來與自由創作相矛盾，但這指的是正確地調製肉汁，澈底處理肉類等「法國料理的基本功」。我認爲這樣的法國料理底蘊與個人的創造力相結合，再加上被自然環繞、食材豐富的福岡縣那珂川市，才能形成「工藤的料理」。

HIROYASU KAWATE

Florilège

川手寛康

1978年出生於東京都調布市。受到父親爲西式餐廳主廚的影響，進入高中的食物科學習。曾在東京六本木的餐廳「Le Bourguignon」等地工作後，前往法國留學。回國後擔任「カンテサンス Quintessence」（位於東京白金台，現已遷至御殿山）的副主廚。於2009年開設了「Florilège」，2015年遷至外苑前。2018年在台北開設了「logy」。

—

Florilège フロリレージュ

新地址即將公佈
https://www.aoyama-florilege.jp

Q：套餐中，前菜的定位是什麼？

看到全球美食的潮流，前菜和主菜之間的區別已經逐漸消失。我自己也沒有爲了主菜而在前菜上追求刺激的感覺，似乎傳統法國料理的框架已經徹底瓦解。

然而，在 Florilège，我們一直都會根據每位客人的喜好和菜餚內容來調整菜單和順序，喜歡濃重口味的客人，我們也不時會在最初的菜餚中提供濃郁的味道。因此，我們的目標仍然是讓客人在整個用餐過程中感到滿足，所以並沒有太大的困惑。

對我來說，比起設定「前菜應該是這樣」的規則，更重要的是記錄每位客人的菜餚內容、順序和反應。然而，我並不拘泥於菜餚的具體配方。即使是一道已經完成的菜餚，也會隨著時間逐漸變化，帶有不同的風味和風格。如果有了固定配方，就會限制對料理的自由度。此外，最近我們更常利用自然的力量，如發酵和熟成，根據食材的狀態靈活調整味道，這也是爲什麼我們不需要配方的原因之一。

Q. 前菜中重視的是什麼？

不僅僅是前菜，對於料理和雞尾酒的搭配以及由此產生的香氣表達，我都很感興趣。是要尋找彼此共同的香氣，還是透過雞尾酒彌補料理中缺少的風味…相互主張相互疊加，產生協同效應的組合非常有趣。作爲廚師，我積累了大量的嗅覺體驗，所以從香氣著手會更容易上手。

雞尾酒在苦味、鮮味、酸味和甜味的基礎上加入了酒精，從而產生了層次感和平衡感。而對於無酒精雞尾酒來說，由於沒有這種重要元素，構建起合適的組合會更具挑戰性，需要突出某些特定元素以實現平衡。可能是單寧的澀味，或者是甜蜜的味道，又或者是液體的濃度和溫度…除了增強鮮味外，還要注重發酵產生的味道，如優酪乳、甘酒、中國茶和紅茶。

在與調酒師（註：拍攝時的大場文武先生）討論的過程中，我們尋找其他獨特的組合。在顧客面前搖晃調酒器，現場製作雞尾酒，這種表演不僅僅擴展了料理的範圍，更能夠擴展「飲食體驗的範圍」。

HIDEYUKI SHIBATA

La Clairière

柴田秀之

1979年出生於北海道留辺蘂町（現爲北見市）。1999年加入「Monna Lisa 恵比壽本店」（位於東京恵比壽）。2006年前往法國，先後在「Grand Véfour」（巴黎）等地進行了一年的研習學藝。回國後，在「L'Embellir」（位於表參道，現已遷移至西麻布）等餐廳工作，並擔任「Monna Lisa 丸の内店」和「Monna Lisa 恵比壽本店」的料理長。2016年開設了「La Clairière」。

—

La Clairière ラ クレリエール

東京都港区白金3-14-10
Tel. 03-5422-6606
https://www.la-clairiere.tokyo

Q：套餐中，前菜的定位是什麼？

我們的晚間套餐有9道菜、12道菜，和需要事先預訂的主廚搭配（omakase），3種可供選擇。以常見的主廚搭配套餐爲例，基本結構是2道小點心，之後接4道前菜，然後是魚料理、肉料理和甜點。當然，構成會根據客人的要求而變化，但前菜部分的基本理念，是透過提供各種不同的風味和口感，讓客人感受到驚喜和樂趣。

在提供4道前菜時，我們特別注重創造一種自然的過渡，使其順利過渡到主菜。例如，第一道前菜可能是冷盤、滑順的口感，第二道前菜則強調酸味，第三道可能是奶油類的稍微濃郁，第四道則呈現與當天魚料理相呼應的滋味。

另外，我經常將自己所做菜餚的特點寫下來並列成清單。例如，如果是稚鮎（香魚幼魚）的炸物，我會用一個或兩個漢字簡潔地描述「苦」和「口感」；如果是龍蝦和蘆筍，則可能是「香」、「美味」、「青」等關鍵詞。當我組合新的套餐時，查閱這份清單可以一目瞭然地看出缺少或過剩的元素，非常方便。

Q. 前菜中重視的是什麼？

我們的目標是傳遞季節的味道。春天有蘆筍和帆立貝，夏天有香魚，秋天有蘑菇，冬天有螃蟹和野味 ...。我總是希望能夠將生產者和供應商「交託給我們」食材的力量，完整地傳遞給客人。

然而，把握短暫的季節來創作出最美味的料理，是一項艱難的任務。例如，万願寺辣椒的美味季節只有大約一個月。在這段時間內完成料理就很好，但有時我們不滿意，需要挑戰一年、兩年甚至三年後才能眞正做出滿意的菜餚。即使如此，我仍然希望能在餐廳裡提供獨一無二的料理。我也想嘗試處理鰶魚和野生鰻魚，但首先必須做出比牡丹鱧和蒲燒更令人感動的法國料理 ...。看起來還需要一些時間才能供應給客人。

對我來說，將季節食材美味地烹飪，並呈獻給客人品嚐是一切的基礎。雖然有人說「La Clairière的料理很傳統」，但我自己並沒有太多這樣的感覺。事實上，我們會根據目標使用傳統的烹飪技巧，也會進行新的多方嘗試。

MAKOTO ISHII

Le Musée

石井 誠

1973年出生於北海道岩見沢市。曾在札幌市內的飯店工作後，於1995年前往歐洲。在一年的時間裡，遊歷了法國、義大利和西班牙，接觸料理和藝術。之後擔任「Restaurant Enoteca札幌」的主廚，並於2005年開設了自己的餐廳「Le Musée」。2020年6月進行了改裝工程，將其改造爲一個「融合繪畫、陶藝、料理等創造多種表達形式的空間」。

—

Le Musée ル・ミュゼ

北海道札幌市中央区宮の森1条14-3-20
Tel. 011-640-6955
http://www.musee-co.com

Q：套餐中，前菜的定位是什麼？

在菜單的前半部分，我們會先從表現北海道的生態系和自然景觀開始，呈現一系列關於「森林」和相對應「海洋」的料理，大約包括4道菜。接著是開業以來一直延續至今的沙拉和主菜，這是基本的流程。

在前菜中，主角是蘑菇。這不僅因爲我純粹喜歡當地的森林和那裡生長的蘑菇，還希望讓來到札幌宮之森的客人們，能夠在這個地方切換到「非日常」的瞬間。爲了迅速引領客人進入「Le Musée」的世界觀，我們在前菜使用了整個空間的演出。

在料理的定位上，我並不認爲「前菜和主菜是完全不同的東西」。重要的是餐盤中是否有節奏感，是否能夠突顯出食材的透明感。這一價值觀不僅適用於前菜，也適用於魚和肉的主菜。在組合菜單時，不是透過「前菜應該是這樣，主菜應該是這樣」來決定，而是將客人想要品嚐的菜餚作爲「點」，並結合菜單的意圖作爲「線」，以此來決定在每個時間點上最合適的「打擊順序」。

Q. 前菜中重視的是什麼？

料理的純粹性不僅限於前菜，這是非常重要的。爲此，水和鹽成爲料理的生命線。我們選擇使用札幌宮之森地區京極町的「羊蹄山湧泉」作爲水源，以及道南熊石町製造的「釜炊き一番塩」。即使參與北海道的其他活動，我們也會攜帶這些水和鹽使用。

在榨取蔬菜和水果時，我們經常使用慢磨榨汁機，並在餐廳中引入罕見的「旋轉蒸餾器（rotary evaporator）」，這些都是爲了萃取原料的健康特性。我一直對於在萃取植物精華時，是否應該將所有食材都放入攪拌機中完全粉碎這樣的做法持懷疑態度。攪拌機的碾磨能力固然強大，但加熱和大量的空氣攪拌會導致食材的細緻度流失，這是我一直擔心的問題。實際上，透過比較，我們可以感受到用慢磨榨汁機和旋轉蒸餾器萃取的果汁非常美味。

旋轉蒸餾器可以通過蒸餾和濃縮兩種方式使用，這擴大了料理的可能性，使無色透明的液體可以單純展現香氣，同時增加了料理的多樣性。我們可以結合相同季節和不同顏色的蔬菜、水果和香草來調配各種類型的果汁，它們與肉類和魚類也非常搭配，也爲菜餚帶來了巨大的可能性。

VII／

RECIPES

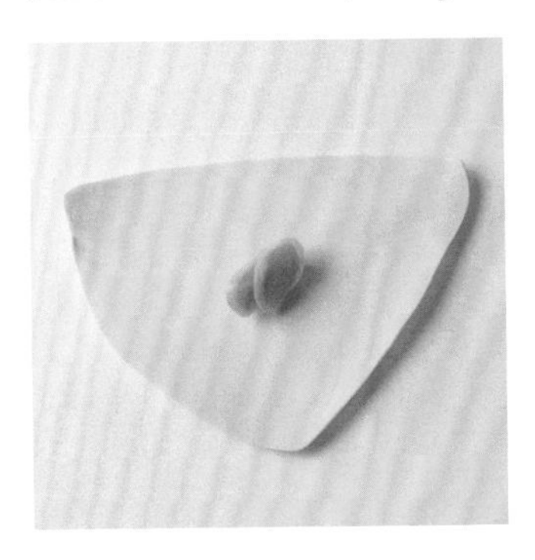

轉變｜魷魚與魚卵

Transformation | Calamar et poutargue

（彩色10頁）

—

［製作方法］

黃桃的醃漬

❶ 製作醃漬液。將酸葡萄汁（verjus）、八角、芫荽籽、黑胡椒和茴香片放入鍋中煮沸。關火，讓其浸泡20分鐘，然後過濾。
❷ 去掉黃桃的皮，與①一起放入袋子中，進行真空處理。醃漬1天。

完成

❶ 將切好的黃桃適量放在盤子上，用鹽之花、馬告和橄欖油調味。
❷ 將①盛在盤子上，並放上2片魷魚和乾燥魚子（→11頁）。

熟思｜稚鮎和春蓼

Réflexion | Chiayu et tadé

（彩色12頁）

—

［製作方法］

香魚蓼醬

將春蓼葉的糊狀物、檸檬油、鹽、白胡椒和自製馬斯卡彭乳酪（Mascarpone）混合在一起。

芒果和黃色櫛瓜的酸甜醬（chutney）

❶ 將黃色櫛瓜切成小丁（brunoise）。
❷ 將切好的黃色櫛瓜放入1.5%的鹽水中浸泡1小時。
❸ 將瀝乾的①和切成小丁狀的芒果、百香果汁、檸檬汁、鹽和白胡椒混合。

完成

❶ 在盤子上塗香魚蓼醬，然後放上香魚幼魚（→13頁）。
❷ 配上芒果和黃色櫛瓜的酸甜醬。

抒情｜肥肝和蘑菇

Lyrisme | Foie gras et champignon

（彩色14頁）

—

［製作方法］

蘑菇凍

❶ 將切片的蘑菇和1/10份量的水放入袋中，進行真空處理。
❷ 將①放入85℃的水浴中加熱3小時。過濾。
❸ 將②放入鍋中，煮至剩下3/4量。加入1.5%份量的泡水還原明膠片，冷卻至凝固。

酒粕粉

❶ 將酒（寺田本家「醍醐のしずく」）和酒粕（相同份量）以隔水加熱的方式混合均勻。
❷ 將①倒在矽膠墊上，使用食品乾燥機進行乾燥。
❸ 待②完全乾燥後，使用研磨機打成粉末。

蘿蔔泥

將蘿蔔刨去皮後磨成泥。將磨好的蘿蔔泥用布包起來，擰出水分。將酒（寺田本家「醍醐のしずく」）和酒粕混合，醃漬蘿蔔泥。

完成

❶ 將盤子中鋪滿蘿蔔泥。
❷ 放上低溫烹煮的薑（省略解說）和蘑菇凍。
❸ 撒上酒糟粉。
❹ 盛裝肥肝慕斯（→15頁），並用切成薄片的蘑菇裝飾。

和諧｜南瓜和鮭魚卵

Harmonie | Butternut et ikura

（彩色16頁）

—

［製作方法］

柑橘的醃漬

❶ 製作醃漬液。將白葡萄酒（維奧尼耶）、白葡萄酒醋、黑胡椒粒、杜松子、月桂葉一起煮沸。靜置20分鐘後，過濾僅留液體。

❷ 將①再次煮沸，將去皮的柑橘浸泡在其中進行醃漬。

白乳酪風味的南瓜

❶ 切去南瓜的外皮，切成適當大小。

❷ 將已調味好的白乳酪與南瓜放入袋中，進行真空處理。

❸ 以80℃加熱20分鐘。然後迅速放入冰水中冷卻。

煙燻牛奶泡沫

將煙燻過的牛奶和甘酒混合，使用手持攪拌機攪拌至產生泡沫。

完成

將煙燻牛奶泡沫倒入裝有南瓜奶凍（Blanc mange）的容器中（→17頁），再加入柑橘的醃漬、白乳酪風味的南瓜和醬油漬魚卵（省略解說）完成擺盤。

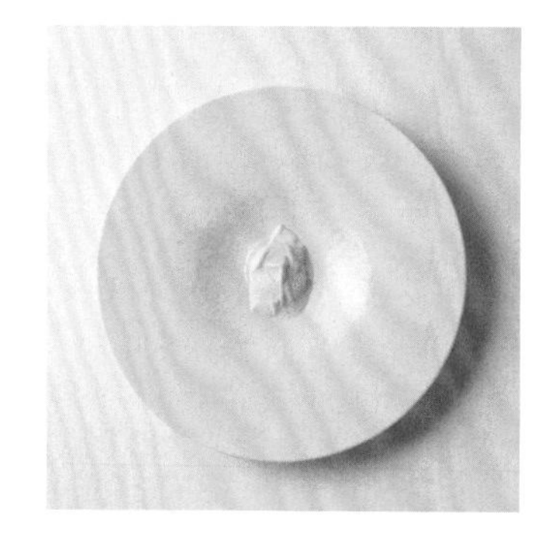

純粹｜黃豆和雞油蕈

Pureté | Soja et girolles

（彩色18頁）

—

［製作方法］

酸奶油

酸奶油過濾掉水分，與蘑菇汁（glace）*和白醬油混合。

＊這是將「抒情｜肥肝和蘑菇」中使用的蘑菇凍基底煮至濃稠。

南瓜泥

❶ 將南瓜的頂部切掉並去除果囊與種子。將熱的馬莎拉酒（marsala）和澄清奶油（clarified butter）混合，倒入南瓜中，用鋁箔紙覆蓋。

❷ 在240°C的烤箱中烤20分鐘，然後降至220°C再烤45分鐘。在溫暖的地方靜置2小時，使其均勻融合。

❸ 取出②的南瓜肉。與醃料（雞湯、芥末醬、醬油、馬莎拉酒、鹽混合）一同放入袋中，進行真空處理，以90°C的蒸氣對流烤箱加熱10分鐘。然後浸泡在冰水中進行快速冷卻。

雞油蕈

❶ 將清洗過的雞油蕈用奶油煎炒。

❷ 加入蔬菜湯（省略解說）融出鍋底精華（déglacer），撒上洋蔥粉和巴西利碎。以鹽調味。

煙燻豬脂的奧弗涅（Auvergne）風格醬汁

❶ 將雞肉清湯和菇蕈放入鍋中，煮至體積剩3/4。

❷ 將煙燻豬脂和鹽漬肥豬肉（Lardo di Colonnata）添加到①中移轉香味。過濾。

❸ 在②中加入鮮奶油、馬莎拉酒和松露汁，煮沸，用鹽和白胡椒調味。

❹ 使用手持攪拌器打發產生泡沫。

完成

❶ 在盤子上盛酸奶油和南瓜泥。

❷ 上方放炒過的雞油蕈，淋上松露風味的紅酒汁（省略解說）。

❸ 輕輕地放上豆腐片（→19頁），再淋上煙燻豬脂的奧弗涅風格醬汁。

傳統｜羊乳和海膽

Tradition | Lait de brebis et oursin

（彩色20頁）

—

［製作方法］

金柑的醃漬

❶ 製作醃漬液。白葡萄酒（Gewürztraminer）、蘋果酒醋、月桂葉和馬告放在一起煮沸。

❷ 將金柑切成兩半並去籽。將熱醃漬液倒在金柑上進行醃漬。

❸ 將醃漬後的金柑切碎，用檸檬汁和白胡椒調味。

完成

❶ 在盤子上倒入柑橘油，放上凝乳（→21頁）。再放上海膽。

❷ 配搭金柑的醃漬，並擺上油菜花。

寓言｜苦苣和蜂斗菜

Allégorie | Endive et fukinoto

（彩色22頁）

—

［製作方法］

蜂斗菜碎

❶ 將蜂斗菜用油炸熟。瀝乾油後放入食品處理機中。

❷ 在①逐次加入鴨皮粉末（稍後解說）、榛果醬、加熱過的蛋黃、松露汁和海藻糖，攪打均勻。

鴨皮粉末

❶ 將4kg粗鹽、500g 砂糖、300g蜂蜜、40g 香料麵包粉、40g 切碎的迷迭香葉混合在一起。

❷ 在烤盤上鋪開鴨皮，抹上①的，再疊上鴨皮，再次抹上①。重複這個過程幾次。放入冰箱冷藏一個月。

❸ ②洗淨除去鹽分。澈底擦乾。

❹ 將③每次重疊4片，用保鮮膜包裹，冷凍儲存。

❺ 取出的④用火腿切片機切成薄片，放在鋪有烘焙紙的烤盤上。蓋上烘焙紙，頂部壓烤盤加上重物，在150°C的烤箱烤10至15分鐘。

❻ 待其稍微冷卻，用刀碾碎（使用攪拌機會過細，因此使用刀子）。

黑松露泡沫

將鮮奶油、蘑菇、黑松露碎和酸奶油混合攪拌在一起。

完成

❶ 在碗中倒入綠色醬汁＊，然後倒入松露泡沫。

❷ 將苦苣（→23頁）放在碗的中心。

＊以巴西利泥、菠菜泥、黑蒜、黃酒、鴨肉清湯等製成的綠色醬汁。

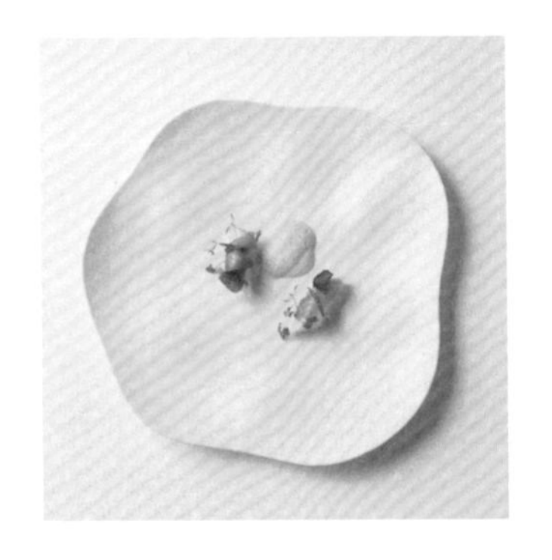

活力｜白蘆筍和鯖魚

Vivacité | Asperge blanche et maquereau

（彩色24頁）

—

［製作方法］

鯖魚的醃漬液

❶ 將白葡萄酒（甲州種）、雪利酒（Pedro Ximénez）、切碎的紅蔥頭、白葡萄酒醋、西洋芹、白胡椒、檸檬皮、柑橘皮（姫レモン品種）、巴西利、香薄荷、鹽和海藻糖放入鍋中，加熱並保持微沸騰狀態30分鐘。

❷ 關火將①靜置一整天。

❸ 在②中加入血橙和磨下的皮、橄欖油和核桃油，然後過濾。使用均質機攪打。

蘆筍醬汁

❶ 用橄欖油煎炒白蘆筍的根部和切下的邊角料。

❷ 加入香茅、倒入牛奶和鮮奶油，煮沸。用保鮮膜密封，續煮約5分鐘。熄火放涼。

❸ 將②過濾，然後使用均質機打碎，用廚房紙巾過濾。

完成

❶ 在盤子中盛放2片白蘆筍（→25頁），然後放上鯖魚。點綴以龍蒿、檸檬香蜂草和西洋芹嫩葉。

❷ 在蘆筍的旁邊倒入蘆筍醬汁，然後舀入用手持均質機攪打的鯖魚醃漬液泡沫。

口感｜綠蘆筍和布拉塔起司

Texture | Asperge vert et burrata

（彩色26頁）

—

[製作方法]

文蛤

❶ 將白葡萄酒、諾伊利酒和芹菜葉放入鍋中煮沸，加入蛤蜊使殼打開。

❷ 取出蛤蜊肉，清理乾淨。將蒸煮的汁液與蛤蜊肉一起放入袋中，進行真空處理。使用70℃的水浴加熱，然後將其放入冰水中迅速冷卻。

本海松貝與北寄貝

將本海松貝與北寄貝的殼打開並清潔乾淨。放入含有0.7%鹽的昆布高湯中，放入袋子中進行真空處理。使用70℃的水浴加熱，然後放入冰水中迅速冷卻。

貝殼醬汁

將蛤蜊的蒸煮汁和布拉塔醬（→27頁）以1：1的比例混合在一起。過濾以去除泡沫。

諾伊利和歐當歸凍

❶ 將白葡萄酒、諾伊利酒（Noilly）、胡蘿蔔、洋蔥、西洋芹、醃梅、檸檬酒（limoncello）、鰹魚片和黑胡椒放入鍋中，煮至原量的1/3。冷藏儲存，隔天濾除固體物質。

❷ 將①加熱並添加歐當歸，浸泡10分鐘後濾除固體物質，加入浸泡還原的明膠片，混合均勻至冷卻凝固。

完成

❶ 在煮沸消毒的蛤蜊貝殼上，分別放上切碎的蛤蜊、本海松貝、北寄貝和芹菜。

❷ 將①上倒入貝殼醬汁，再舀入諾伊利和歐當歸凍。撒上檸檬皮、琉璃苣的花和歐當歸嫩芽。

❸ 在盤子上倒入少許酪梨醬（省略解說），上面再放上綠蘆筍（→27頁）。撒上鹽之花。

❹ 在③的旁邊放上②和蘆筍一起享用。

喜悅｜羊肚蕈和黃酒

Plaisir | Morille et vin jaune

（彩色28頁）

—

[製作方法]

杏桃乾

❶ 將杏桃（解凍後的冷凍杏桃）前一晚放在吸水紙上解凍並去除水分。

❷ 將①的杏桃與酸葡萄汁（verjus）、黃酒（Vin jaune）、杏桃酒、鹽和海藻糖（Trehalose）一起放入袋中，進行真空處理。放置一天。

❸ 將②中的杏桃夾在吸水紙間，乾燥2至3天。

黃酒醬的基底

將黃酒、白葡萄酒、紅蔥頭、胡蘿蔔、蘑菇、白胡椒和海藻糖放入鍋中，加熱煮沸，煮至體積減少一半。加入龍蒿，進行浸漬。保持在這個狀態下，讓其均勻融合直到第二天。

完成

❶ 在盤子中放入切碎的杏桃乾，倒入黃酒醬（→29頁），然後用毛豆泥（省略解說）做點綴。

❷ 放上羊肚蕈和花椰菜粉撒在鵪鶉蛋上（→29頁），並撒上煮熟的豌豆。

❸ 搭配時令的山菜和食用花，淋上龍蒿油。

韻｜明蝦和紅菊苣

Rimes | Kuruma ebi et trévise

（彩色30頁）

—

［製作方法］

火龍果醬汁

❶ 將火龍果果汁和增稠劑加入紅菊苣的醃汁（→31頁），用手持式攪拌機攪打均勻。用錐形濾網（Chinois）過濾液體。

❷ 將①放入袋子中，進行真空處理以去除氣泡。

完成

❶ 盤中盛蝦、蝦頭和紅菊苣（→31頁）。在紅菊苣上撒柳橙皮。

❷ 在盤子中央倒入火龍果醬汁，淋上橄欖油和柳橙汁。撒上烤松子和繁星花。

渴望｜豬腳和赤貝

Envies | Pied de cochon et coquillage

（彩色32頁）

—

［製作方法］

豬腳

❶ 將高湯煮熟的豬腳（→33頁）去骨。攤開在托盤上，輕薄地壓平，撒鹽。壓重物入冰箱冷卻凝固。

❷ 將豬腳切成適當大小後，在橄欖油中煎炸至酥脆。

赤貝

❶ 將赤貝的肉取出並清洗乾淨，切成一口大小的塊狀。

❷ 在鍋中使用橄欖油和蔬菜煎炒①，加入蘑菇高湯和清酒融出鍋底精華。加入切碎的西洋芹。

韭蔥（Leek）

❶ 韭蔥以95℃蒸氣對流烤箱加熱。

❷ 切成片狀（paysanne）。

❸ 在鍋中加熱①，使用香味油*加熱。將香味油加入，並加入蔬菜高湯、柳橙汁和柳橙皮。

＊香味油：用丁香、大蒜和薑增添香味製成的橄欖油

炒菠菜

❶ 將菠菜用奶油和大蒜炒。

❷ 加入白葡萄酒、黑蒜、鹽和海藻糖，融出鍋底精華。

完成

❶ 盤子中央放炒菠菜，平衡地堆疊豬腳、赤貝和韭蔥。

❷ 放上海帶芽撒青花菜粉末（省略解說），放上菠菜嫩葉再撒上青花菜粉末。

❸ 在客人面前倒酒粕湯（→33頁）。

直覺｜扇貝和洛克福

Intuition | Saint-Jacques et roquefort

（彩色34頁）

—

［製作方法］

茭白筍

❶ 剝去茭白筍的外皮，用刷子蘸煎酒*塗抹在表面。

❷ 將茭白筍包裹在錫箔紙中，放入烤箱烤約15分鐘。

❸ 待其稍微冷卻後，切成薄片。

＊日本室町至江戶時代流傳下來的調味料，在煮沸的清酒中加入梅乾、柴魚及昆布高湯製成。

扇貝高湯

將扇貝的湯汁（→35頁）加入昆布高湯，以蔬菜高湯調整味道後加熱。

海藻

❶ 清洗好的海藻、雞高湯、蘑菇、醬油和柚子汁放入袋子中，進行真空處理。

❷ 以蒸氣對流烤箱58℃進行30分鐘的加熱，然後升至75℃進行3分鐘的加熱。迅速冷卻。

完成

❶ 在碗中盛上適量切好的扇貝（→35頁），並點綴上煎熟的茭白筍，海藻和西洋芹的嫩葉。

❷ 在客人面前將熱的扇貝高湯倒入碗中。

無常｜魷魚和野菜

Éphémère | Calamar et Sansaï

(彩色36頁)

—

［製作方法］

魷魚高湯

❶ 將魷魚用烤爐烤熟。

❷ 將①、雞高湯、薑片、西洋芹葉放入鍋中，用文火煮數小時。然後過濾出湯汁。

香草奶油(beurre persillé)

❶ 將巴西利、巴西利泥、巴西利油、黑蒜、油封甘蔥、黑甘蔥、糖漬柳橙、鹽放入食物處理機中攪打成泥狀。

❷ 慢慢分次加入奶油，攪拌直到成爲柔軟的膏狀。

墨汁酸奶油

將酸奶油和墨汁(過濾成細緻的漿狀)混合在一起，使用昆布高湯調整濃稠度。

完成

❶ 將魷魚去皮清理乾淨並切成一口大小，以香草奶油香煎至熟。

❷ 使用墨汁酸奶油在盤子上繪製圖案，將①和野菜(→37頁)放在盤子上。

❸ 將魷魚醬(→37頁)打發成泡沫，舀在魷魚和野菜上。

再生｜水針魚和油菜花

Regain | Sayori et nanohana

(彩色38頁)

—

［製作方法］

油菜花

❶ 將花苞切成10cm長的段。撒上1.5%的鹽，靜置5分鐘。

❷ 將①用蔬菜清湯煮熟(先將根部浸入清湯中煮沸10秒，再整個放入煮沸10秒)。

❸ 將②撈起放入冷蔬菜清湯中，冷卻。

❹ 在③上灑柚子油，放入袋中，進行眞空處理。

西洋芹和葡萄柚

❶ 將西洋芹切成小丁狀(Brunoise)。放入水針魚的醃料(→39頁)中浸泡20秒。

❷ 在①灑上芹菜油，進行眞空處理。

❸ 將處理好的葡萄柚果肉和②以2：1的比例混合在一起。

完成

❶ 將水針魚(→39頁)盛在盤中，加上油菜花作點綴。撒上柚子胡椒調味。

❷ 將西洋芹和葡萄柚盛在盤子中，再撒上紫蘇花和油菜花瓣作裝飾。

野性｜肥肝和甲魚

Animalité | Foie gras et Suppon

(彩色40頁)

—

［製作方法］

甲魚的預先處理

❶ 將甲魚宰殺並去除血污、去殼，汆燙後剝去薄皮。

❷ 把甲魚放在網子上，放在冰箱或其他涼爽的地方，晾乾一整夜。

❸ ②的甲魚放入63°C的烤箱中，乾燥約30分鐘。

❹ 鍋中加入③的甲魚、蕈菇高湯、溫泉水、雞高湯、清酒，加熱煮沸。去除浮沫後，加入薑片，煮約1小時。加入芹菜葉，熄火，完全放涼。

❺ 將凝固的膠質撇除，將甲魚肉眞空後保存。

紫蘇葉

將紫蘇葉和雞湯放入袋子中，進行眞空處理，放置一夜。

酸模(Oseille)

在酸模葉上撒橄欖油和鹽，用紅外線烤箱(Salamander)迅速加熱一下。

蠶豆和青豆

❶ 將青豆在米糠床中醃漬一夜。

❷ 將蠶豆以鹽水煮熟。

❸ 使用紫蘇葉油將①和②翻炒。

完成

❶ 在盤子中盛放肥肝和甲魚(→41頁)，並搭配紫蘇葉、酸模、蠶豆和青豆。

❷ 撒上切碎的巴西利和切碎的酸甜醃薑。

❸ 在客人面前將過濾且加熱的甲魚煮汁注入。

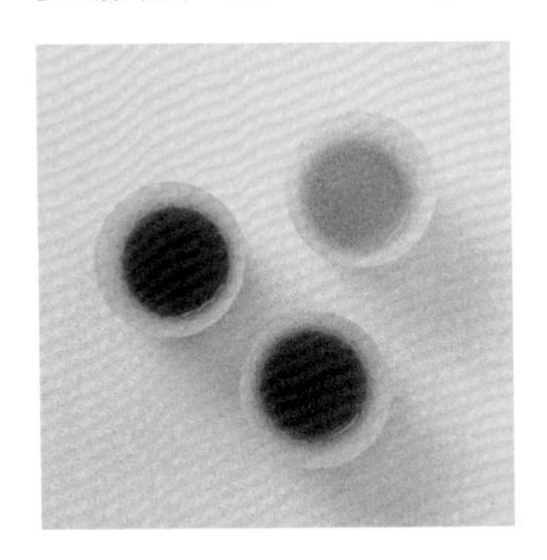

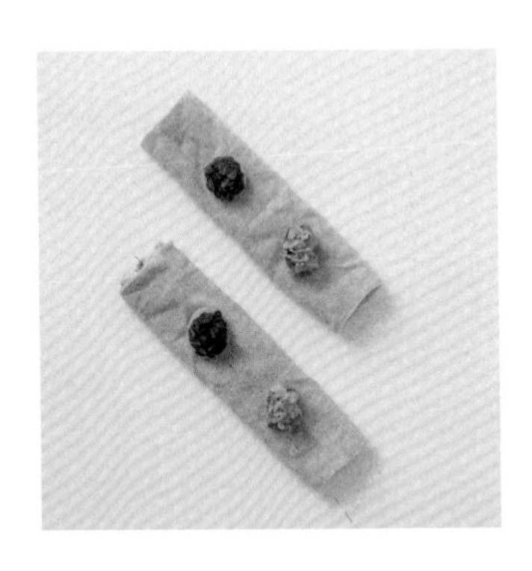

甜椒清湯

(彩色44頁)

—

[製作方法]

→請參照第44頁

Snack
南瓜與海膽、當地啤酒和馬肉

(彩色46頁)

—

[製作方法]

「南瓜與海膽」的完成

將海膽放在南瓜小點心上(→47頁),並點綴萬壽菊和三色堇的花瓣。

「當地啤酒與馬肉」的完成

❶ 將馬肉切成5mm的小方塊。加入切碎的細香蔥、白葡萄酒醋、大蒜油、鹽和胡椒調味。

❷ 將白乳酪(fromage blanc)放在當地啤酒小點心上(→47頁)。

❸ 在②上方放①,並點綴上紫葉酢醬草(oxalis)。

莫札瑞拉、檸檬、毛豆醬

（彩色48頁）

—

［製作方法］

糖漬檸檬（lemon confit）

❶ 將檸檬去皮，並將白色纖維部分澈底切除。

❷ 將①的檸檬切成薄片，放入鍋中。撒上檸檬總重1/3份量的糖，用慢火熬煮。

完成

❶ 在盤子上放莫札瑞拉乳酪，並佈滿水芹（cress）的嫩芽。

❷ 淋上毛豆醬（→49頁），並添上糖漬檸檬、煮熟的毛豆、青豆，淋上香草油。

仔鹿和筍的熟肉醬、金蓮花

（彩色50頁）

—

［製作方法］

筍

❶ 將竹筍剝去外皮，加入含灰的水中煮沸，時間爲1個半到2個小時。

❷ 將①洗淨的熟筍放入醬油和酒調味的鰹魚高湯中浸泡，以70℃蒸煮1小時。

❸ 將②切成滾刀塊。

完成

❶ 展開金蓮花的葉子，塗上白乳酪（fromage blanc）。放上仔鹿的熟肉醬（rillettes→51頁）和竹筍，再次塗上白乳酪。撒上鹽之花，捲成筒狀。

❷ 在盤子裡鋪大小不同的金蓮花葉（用於裝飾），放上①，撒上杜卡*。

＊杜卡（Dukkah）是中東的混合香料，包含芝麻、榛果、杏仁、花生、小茴香籽等。

鯛魚、青紫蘇、茄子

（彩色52頁）

—

［製作方法］

石鯛

❶ 取下鯛魚片，用鹽昆布粉和柑橘類（如柚子或柳橙等季節水果）的果汁進行醃漬。

❷ 將①切成薄片。

完成

❶ 將茄子泥（→53頁）盛在盤子上，放上魚片。

❷ 再加上炸過的青紫蘇絲（→53頁），即可上菜。

牡蠣、番茄、米醋

（彩色54頁）

—

［製作方法］

配料

將切成小丁（brunoise）的黃瓜、切碎的乾燥番茄和塔斯馬尼亞芥末（Tasmanian Mustard）混合在一起。

米醋泡沫

將100g 米醋、300g 水、適量香魚魚露、適量蔗糖和2.5g 乳化劑（Sosa sucro emul）放入攪拌機中攪打，形成泡沫。

完成

❶ 在盤底鋪一層粗鹽，將煮沸消毒的牡蠣殼放在上面。

❷ 在①的牡蠣殼中盛裝牡蠣（→55頁），加上配料，放上牡蠣凍（→55頁）。

❸ 舀入米醋泡沫，點綴上油菜花。

章魚、豬背脂、紅椒

（彩色56頁）

—

［製作方法］

帕馬森乳酪醬汁

❶ 製作醬汁。將40g 洋蔥薄片、6g 鹽、10g 香魚魚露、70g 米醋、150g 米油、10g 大蒜油放入攪拌機中，充分攪打至乳化。放在冰箱中2至3天，讓味道融合。

❷ 將磨碎的帕馬森乳酪（Parmigiano）和切碎的醋漬酸豆加入①中混合。

炸素麵

❶ 將素麵（使用島原洋麵*）煮熟並瀝乾水分，切成適當的長度。將其繞捲成螺旋狀，然後放入食品乾燥機中乾燥。

❷ 將①用沙拉油炸至金黃色，撒上鹽即可。

＊島原素麵使用了島原市本多製麵公司的製造方法，以100%杜蘭小麥手工製作的麵條。在這裡，我們使用含墨魚墨汁的特製素麵。

完成

❶ 將蒸熟的章魚（→57頁）切成一口大小，加入帕馬森乳酪醬汁拌勻。盛放在盤中。

❷ 搭配著乾燥番茄，蓋上薄切的豬背脂，並加入炸素麵。

❸ 點綴以紫葉酢醬草（oxalis）和琉璃苣（borage）的花，撒上煙燻紅椒粉（smoked paprika）。

蛤蜊、香蕉、百香果

（彩色58頁）

—

［製作方法］

新洋蔥的奶油燉煮

❶ 將新洋蔥切成小丁狀（brunoise），用奶油翻炒（sauté）。

❷ 加入蛤蜊高湯（→59頁）、鮮奶油和孜然籽，燉煮一段時間。用鹽調味。

糖衣紫羅蘭花

將糖藝用粉末原料（sugar paste）用水溶解，使用刷子塗抹在紫羅蘭花上。將花放入食品乾燥機中，直到乾燥變脆爲止。

完成

❶ 在玻璃容器中盛入蛤蜊和神香蕉（神バナナ→59頁），搭配新洋蔥的奶油燉煮。

❷ 在蛤蜊高湯（→59頁）中加入鮮奶油，使用手持攪拌器攪打至產生泡沫。

❸ 將②的泡沫舀在①上，點綴上糖衣紫羅蘭花。撒上南瓜碎粒（省略解說）。將③的容器放在香蕉葉上，即可上桌享用。

烏賊、甜菜根、羽衣甘藍

（彩色60頁）

—

[製作方法]

製作沙拉醬

將40g洋蔥薄片、6g鹽、10g香魚魚露、70g米醋、150g米油、10g大蒜油放入攪拌機中，充分攪打至乳化。放在冰箱中2至3天，讓味道融合。

完成

❶ 將沙拉醬拌過的烏賊和甜菜根盛在盤子裡，放上甜菜根脆片（→61頁）。

❷ 加入生的紅羽衣甘藍（kale）、紫葉酢醬草（oxalis），還有油炸紅蓼的嫩芽作爲點綴，最後撒上大麻籽（hemp seed）。

鮑魚、肝臟沙巴雍、草本油

（彩色62頁）

—

[製作方法]

完成

❶ 在盤子上倒入鮑魚肝沙巴雍（sabayon→63頁），淋上草本油。

❷ 放置3片與鮑魚肝沙巴雍拌過的蒸鮑魚（→63頁）。

❸ 擺放芥末花和芥末葉作裝飾。

蟹、米、香菇

（彩色64頁）

—

[製作方法]

→請參照第65頁

香魚義大利麵

（彩色66頁）

—

[製作方法]

高麗人參葉的油

❶ 將高麗人參的葉子和米油以1：2的比例混合，放入袋子中並抽真空。

❷ 在60℃的水浴中加熱。

❸ 將混合油倒入鍋中，以中低溫加熱並持續攪拌。過濾出高麗人參葉的油。

完成

❶ 在冷卻的盤子內盛上寬麵（Tagliolini）（→67頁）。擠上防風草（parsnip）和香魚肝的泡沫（省略解說），擺上烤香魚片（→67頁）。

❷ 加上高麗人參的葉子和黃瓜花。淋上高麗人參葉的油，撒上乾燥的醬油粕*。

＊醬油粕（在製作醬油時榨取出的渣滓）在不沾平底鍋中乾煎至乾燥後使用，也有市售品。

炸狗母魚串佐橄欖塔塔醬

（彩色68頁）

—

[製作方法]

完成

❶ 將樹幹容器上鋪橄欖葉。將撒上鹽的狗母魚炸串（→69頁）和鹽漬橄欖擺在盤子上。

❷ 另外供應橄欖塔塔醬（→69頁），建議可以將炸串蘸取塔塔醬一起享用。

鱒魚、發酵胡蘿蔔、金柑

（彩色70頁）

—

[製作方法]

鱒魚

❶ 將鱒魚（宮崎縣產奧日向鱒）剖成三片。混合海藻糖（trehalose）和鹽均勻地撒在魚肉上，醃2至3小時。

❷ 去掉魚皮，切成與人數相符的塊狀。將多個魚塊的切面緊密貼合在一起，恢復原來的形狀（以免過度加熱）。

❸ 在鋪有廚房紙巾的盤子上，將鱒魚皮的那一面朝下放置，蓋上保鮮膜。放在餐盤保溫的底層，加熱約20分鐘。

完成

❶ 將發酵胡蘿蔔汁的汁液（→71頁）倒入盤中，淋上蝦油（省略解說）。

❷ 將鱒魚放在盤中，加上炸胡蘿蔔（→71頁）、金柑片、黃色的三色堇和紫葉酢醬草（oxalis）作裝飾。在魚片上撒黑胡椒。

石烤甘藷、筆頭菜、菊薯

(彩色72頁)

—

[製作方法]

煎炒菊薯

❶ 將菊薯切成小塊狀,浸泡在水中,去除澱粉再撈起。

❷ 在平底鍋中加熱奶油,將瀝乾水分的①迅速煎炒(sauté藉由熱奶油與菊薯充分結合,使口感更佳)。用鹽調味。

完成

將石烤甘藷泥倒在盤子上(→73頁),加上煎炒菊薯、撒上八朔柑橘皮碎和切成小丁後煎至酥脆的西班牙香腸(chorizo)。以立體的方式擺放筆頭菜(→73頁),最後撒上切碎的松子。

夏鹿、白蘆筍蒸蛋

(彩色74頁)

—

[製作方法]

白蘆筍蒸蛋

❶ 將白蘆筍的煮汁和全蛋按3:1的比例混合在一起。然後過濾。

❷ 將1人分40g的混合蛋液倒入之後要上菜的容器中,以78℃蒸1小時(如果不立即供應,可以保溫在70℃)。

白蘆筍(完成用)

❶ 將新鮮的白蘆筍使用削皮器削成寬約1cm、長約10cm的薄片。

❷ 將①螺旋狀地纏繞在筷子或其他工具上,然後浸泡在冰水中。

❸ 當形狀固定後,取出並去除多餘的水分。

完成

❶ 將夏鹿的燉肉卷(→75頁)放在白蘆筍蒸蛋上。在上面鋪滿白蘆筍卷,並撒上矢車菊的花瓣。

❷ 另外供應溫熱的鹿腿清湯(→75頁),在客人面前倒入碗中。

[川手寛康 ／ Florilège]

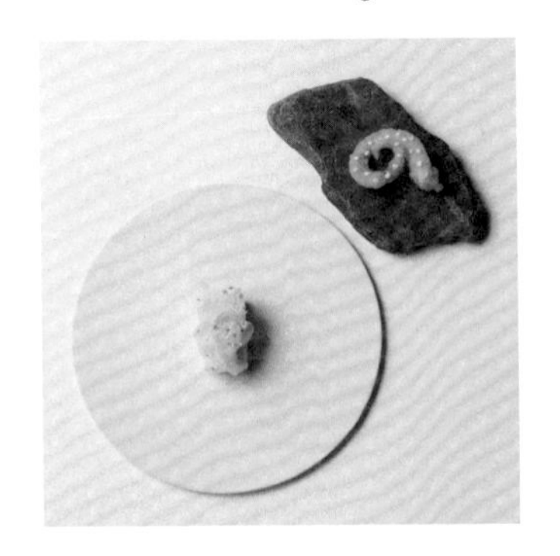

烏賊 優格

（彩色78頁）

—

[製作方法]

烏賊天麩羅

❶ 將烏賊的觸腳用鹽輕輕按摩後，撒上低筋麵粉。

❷ 在貝涅（Beignet）麵糊（省略解說）中加入蒜泥蛋黃粉（Rouille powder）和番紅花。

❸ 用刷子將②塗抹在①上，用油炸至金黃色。

❹ 將麴漬蕪菁碎、美乃滋和蛋白攪拌在一起，製作成醬。

❺ 在③上撒蒜泥蛋黃粉，再以點狀擠上④。

完成

從模具中取出圓筒狀優格（→82頁），盛放在盤子上，放入魚子醬和醃漬烏賊（→82頁）與麴漬蕪菁碎，包裹在內。撒上香雪球花。另外附上烏賊天麩羅。

香菜 八朔柑橘

（彩色79頁）

—

[材料／ 1人分]

A ┌ 香菜葉…6片
　│ 八朔柑橘汁…50cc
　└ 孜然糖漿…5cc
香菜葉…1片
八朔柑橘皮…適量

[製作方法]

❶ 將A放入攪拌機中，使用手持攪拌器攪打。

❷ 將①倒入調酒器，加入冰塊後搖晃。

❸ 使用濾網一邊過濾一邊倒入玻璃杯中。

❹ 在上面放香菜葉，搭配八朔柑橘皮。建議客人自行扭轉八朔柑橘皮，釋放精油並享受香氣。

鯖魚 藍紋乳酪
(彩色80頁)

—

[製作方法]

藍紋乳酪醬
❶ 將細切的甘蔥(shallots)用奶油炒香。
❷ 加入白葡萄酒和苦艾酒(Noilly Prat)煮至液體減少。
❸ 加入高湯和鮮奶油，輕輕煮至稍微濃稠，然後過濾。
❹ 將藍紋起司加入③中，使用均質機混合均勻。

完成
❶ 將鯖魚盛放在盤子中(→83頁)，淋上藍紋乳酪醬。
❷ 搭配嫩腐皮(省略解說)，並撒上紫蘇花。

草莓 百里香 日式紅茶
(彩色81頁)

—

[材料／1人分]

A
- 草莓…4顆
- 檸檬百里香(lemon thyme)…2根(約4cm長)
- 日本紅茶*…40cc

草莓…切片1片
檸檬百里香…1根(約7cm長)

*使用水沖泡萃取而成的茶液

[製作方法]

❶ 將A倒入攪拌機的容器中，使用手持攪拌器攪打。
❷ 將①倒入調酒器中，加入冰塊搖晃，同時使用濾網過濾，倒入玻璃杯中。
❸ 在②的玻璃杯中加入草莓片，並點綴檸檬百里香。

牡蠣 糖漬檸檬
(彩色84頁)

—

[製作方法]

醬汁
將醃製的泡菜(如油菜花、茴香、接骨木花等)的醃漬汁和糖漬檸檬的煮汁混合在一起。加入增稠劑(森永乳業つるりんこ)使其增加黏稠度。

完成
❶ 在盤子上盛放牡蠣(→88頁)，倒入醬汁。
❷ 將牡蠣湯(→88頁)注入小杯子中，附在一旁供應，建議客人作爲清口的飲品。

羅勒 檸檬馬鞭草 番茄
（彩色85頁）

—

［材料／1人分］

A
- 羅勒葉…3片
- 檸檬馬鞭草…1株（約4cm長的枝）
- 番茄水（Tomato water）…40cc

檸檬馬鞭草（Lemon verbena）…1株（約7cm長的枝）

［製作方法］

❶ 將A放入攪拌機中攪打均勻。
❷ 將①放入調酒器中，加入冰塊，搖勻後用細濾網過濾，倒入玻璃杯中。
❸ 以檸檬馬鞭草作裝飾。

白蘆筍 醃漬
（彩色86頁）

—

［製作方法］

白蘆筍慕斯

❶ 將白蘆筍的根部和洋蔥切碎，用奶油燉煮（etuvée），再放入鍋內加蓋，以預熱至180℃的烤箱加熱。
❷ 將①放入攪拌機中攪打成泥狀，然後過篩。
❸ 鮮奶油打發加入②混合均勻。

蕁麻酒（Chartreuse）醬汁

❶ 將蕁麻酒煮至減少一半以下。
❷ 加入檸檬汁調整酸味。

完成

❶ 在小碗裡盛放白蘆筍慕斯，淋上蕁麻酒醬汁。
❷ 撒上鹽漬櫻花瓣，淋上香草油。
❸ 同時供應白蘆筍（→89頁）和①。

金柑 薑 茉莉花茶
（彩色87頁）

—

［材料／1人分］

A
- 金柑（去籽）…5顆
- 薑片…2g
- 茉莉花茶*…40cc

金柑…切片2片

＊使用冷泡法萃取。

［製作方法］

❶ 將A放入攪拌器中，使用手持攪拌器攪打。
❷ 將①放入調酒器，加入冰塊後搖勻。
❸ 使用細濾網過濾，倒入玻璃杯中。
❹ 去除冰塊，將金柑片浮在表面。

牛 骨髓

(彩色90頁)

—

[製作方法]

→請參照94頁

台灣茶 葛縷子 肉桂

(彩色87頁)

—

[材料／1人分]

正山小種茶…60cc
葛縷子(caraway)…0.2g
肉桂…0.2g
豆蔻…0.1g
和三盆糖…適量

[製作方法]

❶ 90~95°C的熱水沖泡茶。
❷ 將和三盆糖沾在玻璃杯口約半圈。
❸ 在①中加入葛縷子、肉桂和豆蔻，待溫度降至80°C時，用濾網過濾並注入玻璃杯中。

帆立貝 筍

(彩色92頁)

—

[製作方法]

貝類醬汁(sauce coquillage)

❶ 將鹽揉洗過的帆立貝唇加入水中熬煮，製成高湯。
❷ 將①加入帆立貝蒸出的汁，加熱煮至濃稠。
❸ 牛奶、鮮奶油和煮至濃縮的白葡萄酒加入②，用鹽調味。
❹ 使用手持攪拌器攪打至產生泡沫。

完成

❶ 將扇貝和筍盛在碟子上，淋上貝類醬汁。
❷ 撒上昆布粉，並放上紫葉酢醬草(oxalis)。

梨子 茗荷 紫蘇葉
（彩色93頁）

—

［材料／1人分］

A
- 梨…1/2顆
- 茗荷…1/2個
- 紫蘇葉…3片
- 檸檬酸…0.1g

梨…切片2片
紫蘇葉…2片

［製作方法］

❶ 將A倒入攪拌機杯中，用手持攪拌器攪打。
❷ 將①倒入調酒器，加入冰塊，搖晃均勻後用細篩過濾，倒入玻璃杯中。
❸ 去掉冰塊，將梨片和紫蘇葉放在杯中浮起。

菊苣 鹿肉醬
（彩色96頁）

—

［製作方法］

甜菜根醬汁
❶ 將去皮並切成適當大小的甜菜根，放入攪拌機中攪打。加熱煮至減少爲1/8的量後，過篩去渣。
❷ 用紅酒醋調味，如果甜味不足，可以添加少量糖。

檸檬風味的酸奶油
將切碎的甘蔥、切丁的檸檬果肉、檸檬汁和鮮奶油加入酸奶油中，進行攪拌混合，製成檸檬風味的酸奶油。

完成
❶ 將檸檬風味的酸奶油盛在盤子中，倒入甜菜根醬汁。
❷ 放上菊苣（Trevise→100頁），撒上黑胡椒。

番茄水 蛋白 文旦
（彩色97頁）

—

［材料／1人分］

A
- 番茄水…40cc
- 文旦汁…15cc
- 茴香…2根（約4cm）
- 蛋白…10cc

番茄乾…1片
茴香…1根（約7cm）
＊將番茄切成薄片，使用食品乾燥機乾燥

［製作方法］

❶ 將A倒入攪拌器中使用手持攪拌器攪打，使其產生泡沫。保留泡沫部分。
❷ 將①倒入調酒器中，加入冰塊，搖晃後用細篩過濾，倒入玻璃杯中。
❸ 在②上加入①保留的泡沫，並點綴上番茄乾和茴香。

珠雞 菠菜

（彩色98頁）

—

[製作方法]

珠雞

❶ 將珠雞的帶骨胸肉放在烤網上以炭火燒烤。

❷ 當①烤好後，將其拆解去骨，將胸肉切成每人一份的大小。

完成

❶ 在盤子上盛烤好的珠雞，撒上海鹽。將珠雞的汁液（省略解說）淋在上面。

❷ 在①的旁邊盛上皺葉菠菜（→101頁）。

石榴 甜菜根 洛神花 安納甘藷糖漿

（彩色99頁）

—

[材料／1人分]

石榴 甜菜根 洛神花

石榴汁…10cc
甜菜根汁…5cc
洛神花茶*…20cc
普洱茶*…30cc
發酵大蒜…0.5g
丁香…0.2g
杜松子（Juniper berry）…0.1g
黑小茴香（Black cumin）…0.1g

＊都採用冷泡萃取

安納甘藷糖漿

安納芋的皮
和三盆糖
日式紅茶…各適量

[製作方法]

石榴 甜菜根 洛神花

將所有材料放入攪拌杯中，使用手持攪拌機攪打均勻。使用濾網過濾，注入玻璃杯中。

安納甘藷糖漿

❶ 將安納芋的皮放入烤箱中烤至稍微焦黑。

❷ 將①、日式紅茶、和三盆糖混合在一起，用小火煮至濃稠。

牡蠣 51℃

（彩色104頁）

—

［製作方法］

→請參照105頁

佩科里諾羅馬乳酪和蠶豆

（彩色106頁）

—

［製作方法］

→請參照107頁

白蘆筍三重奏

（彩色108頁）

—

［製作方法］

白蘆筍凍

❶ 將白蘆筍的煮汁（→109頁）與250g 煮汁所需，1片浸泡還原的明膠片混合並溶化。加入適量的鹽調味。

❷ 將①過濾，倒入上菜用的雞尾酒杯，注滿杯子高度的五分之一左右，冷卻至凝固。

白蘆筍慕斯

❶ 將白蘆筍的基底（→109頁）與250g 煮汁所需，1片浸泡還原的明膠片混合並溶化。

❷ 將打至4分發的鮮奶油（30g）加入①，使用攪拌器攪拌均勻。用鹽調味。

鹿兒島竹筍和海膽燉飯 蝸牛奶油醬

（彩色110頁）

—

［製作方法］

海膽燉飯

❶ 製作「奶油飯 butter rice」。

❷ 用奶油炒米，炒至熱後加入雞高湯煮沸，然後在180°C的烤箱中烘烤18~20分鐘。

❸ 將切碎的西洋芹加入①，使整體均勻混合。加入海膽，用鹽調味。

醬汁

將蛤蜊高湯加熱，加入切成小塊狀的蝸牛奶油並攪拌至均勻（monté）。

完成

❶ 將海膽燉飯盛在盤子中，上面放煮熟的竹筍和炸過的竹筍（→111頁）。

❷ 撒上適量切碎的西洋芹，淋上醬汁。

❸ 放上烤過的竹筍皮（→111頁），供應時建議客人把皮移開享用。

七草和鱈場蟹濃湯

（彩色112頁）

—

［製作方法］

蕪菁

❶ 將蕪菁切成薄片，稍微燙煮一下。

❷ 將蕪菁的莖煮熟後，放入冰水中冷卻。然後將冷卻後的煮汁和少量的蕪菁一起放入食物處理器中打成泥狀。

完成

❶ 將七草奶油飯盛在盤子上（→113頁），然後放上蒸煮過的鱈場蟹肉。

❷ 淋上蟹肉濃湯（→113頁），將蕪菁放在上面。在蕪菁上點綴蕪菁泥，再放上西洋芹的嫩葉。

羊肚蕈鑲 小牛胸腺與土當歸

（彩色114頁）

—

［製作方法］

羊肚蕈醬汁

❶ 將馬德拉酒（Madeira）、波特酒和干邑白蘭地混合在一起，煮至縮減爲原量的1/3。

❷ 將小牛肉高湯（fond de veau）煮至縮減爲原量的1/3。

❸ 將羊肚蕈的浸泡液煮至縮減爲原量的1/3。

❹ 將①、②、③混合在一起煮至濃縮。加入鮮奶油和牛奶，用鹽調味，使用玉米澱粉勾芡。

土當歸

❶ 將土當歸的外皮剝去，快速地燙熟。瀝乾水分。

❷ 土當歸的莖部切成薄片。撒上鹽。

❸ 土當歸的尖端切成小指甲的大小，裹上米粉後用油炸至金黃酥脆。

完成

❶ 在盤子的兩個位置鋪上土當歸的薄片，放上羊肚蕈（→115頁）。

❷ 倒入羊肚蕈醬汁，並搭配炸土當歸尖。

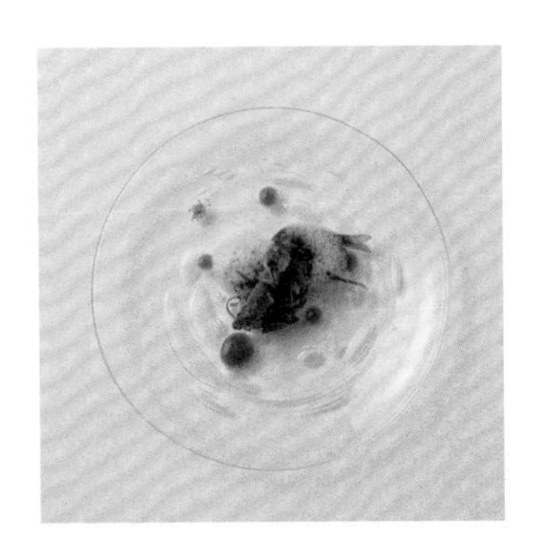

酥炸稚鮎
南高梅乳化醬汁

(彩色116頁)

—

[製作方法]

笹竹葉茶和西洋菜的醬汁

❶ 將西洋菜的莖和葉分開。莖煮熟4分鐘，葉煮熟2分鐘，然後放入冷水中冷卻。

❷ 將煮熟的西洋菜和煮汁放入攪拌機中混合。加入笹竹葉茶和增稠劑(Sosa黃原膠 xantana)，使其變稠。用鹽調味。

完成

❶ 在玻璃盤中薄薄地塗抹檸檬油，點綴上西洋菜的醬汁。

❷ 在盤子中央盛放拌過醬汁的石蓴，然後放上酥炸香魚幼魚(→117頁)。

❸ 淋上南高梅乳化醬汁的泡沫(→117頁)，在盤子的左後方放上笹竹葉茶鹽(省略解說)。

香魚的變化
笹竹葉茶和西洋菜庫利

(彩色118頁)

—

[製作方法]

香魚肝醬

❶ 在小鍋中加入沙拉油、香魚肝、山椒和鹽，加熱。

❷ 在①加熱的過程中慢慢攪碎香魚肝同時提高溫度，使香魚肝變熟。

完成

❶ 在盤子上以笹竹葉茶和西洋菜的醬汁(參考「酥炸稚鮎 南高梅乳化醬汁」)繪製紋路，然後點綴香魚肝醬。

❷ 盛放香魚飯和鹽烤香魚(→119頁)，撒上笹竹葉茶鹽。

❸ 在盤子的空白區域上放置少量馬鈴薯泥(省略解說)，作爲基底，擺上炸香魚頭和骨。撒上香魚鰓炸物，搭配炸血腸(Boudin noir)方式製成的內臟(→119頁)。

❹ 舀入南高梅乳化醬汁的泡沫(→117頁)。

鳥尾蛤和初夏蔬菜凍

(彩色120頁)

—

[製作方法]

→請參照第121頁

岩鹽焗黑鮑魚

（彩色122頁）

—

［製作方法］

完成

❶ 在盤子上盛放岩鹽焗黑鮑魚（→123頁），搭配鹽煮過的皺葉小松菜。

❷ 澆上大量的醬汁，並加上新鮮黑胡椒粒作點綴。

翻轉鱈場蟹塔

（彩色124頁）

—

［製作方法］

→請參照第125頁

螢烏賊的洋蔥塔

（彩色126頁）

—

［製作方法］

眞空烹調的春季新鮮洋蔥

❶ 將春季的新鮮洋蔥切成5mm厚的片狀，撒上鹽，靜置一會兒。

❷ 將①、番茄、茴香籽、香菜籽、百里香、檸檬皮、柳橙汁、鯷魚、橄欖油放入袋中，進行眞空處理，使用100℃的蒸氣對流烤箱加熱15分鐘。然後靜置約3小時。

馬鈴薯

將挖成球狀的馬鈴薯用奶油和橄欖油炸。加入月桂葉、迷迭香和百里香增香，並以鹽和胡椒調味。

醬汁

加熱雞汁（Jus de Volaille），放入普羅旺斯香料（herb de Provence）和橄欖油混合。用鹽調味。

完成

❶ 將螢烏賊的「洋蔥塔 Pissaladière」（→127頁）放在盤子上。

❷ 在①上淋醬汁，放上帕馬森乳酪的瓦片。加上紅色的水菜葉和芝麻葉。撒上煙燻紅椒粉。在盤子的左側加入芝麻葉打成的泥（省略解說）。

奶油煎鱈魚白子、蕪菁、春菊泥

（彩色128頁）

—

［製作方法］

春菊泥

❶ 將春菊放入鹽水中煮熟，然後放入冷水中漂洗。

❷ 將煮熟的春菊和雞高湯一起放入攪拌機中打成泥狀。加入增稠劑（Sosa黃原膠 xantana）調整稠度。

完成

❶ 在盤子上盛放奶油煎的鱈魚白子（→129頁），撒上少量的黑胡椒粒調味。

❷ 搭配蕪菁並淋上春菊泥（→129頁）。

河豚白子、堀川牛蒡、松露、鴨肉清湯

（彩色130頁）

—

［製作方法］

鴨肉義大利麵餃

❶ 清理鴨胸肉和肥肉，將胸肉和脂肪分開。

❷ 將①的脂肪切成小塊，加熱使多餘的脂肪流出。

❸ 將①的胸肉切碎，與②的脂肪混合，加入鹽調味。

❹ 用稻草燻燒③，增添燻香。

❺ 將④塑形成小圓形，用義大利麵餃皮（省略解說）包起。以白色高湯煮熟。

雞油蕈蛋卷

（彩色132頁）

—

［製作方法］

基本醬汁

❶ 炒甘蔥（shallots）和培根，加入紅葡萄酒煮至液體收乾。

❷ 在①中加入小牛高湯（fond de veau），煮至味道融合後，過濾。

豬腳裹藍龍蝦和小牛胸腺佐佩里哥醬汁

（彩色134頁）

—

［製作方法］

完成

❶ 在盤子上倒入菊芋泥（省略解說），放上厚切片的豬腳（→135頁），撒上切絲的松露。搭配沙拉（省略解說）。

❷ 在客人面前淋上佩里格醬汁Sauce Périgueux（省略解說）。

豬頭肉凍

（彩色136頁）

—

［製作方法］

完成

❶ 豬頭肉凍Fromage de tête（→137頁）切成方塊狀，每塊肉凍的左側放上鹽水煮熟的油菜花，並擠上芥末醬。右側則是小圓片的炸馬鈴薯和松露。

❷ 將①在盤子上放3個肉凍，兩側淋上油菜花庫利（coulis）。在周圍點綴胡蘿蔔泥（省略解說），撒上小茴香粉。

[石井 誠／Le Musée]

森／生態系 自然観

（彩色140頁）

—

［製作方法］

蕈菇酥餅

→請參照第142頁

蕈菇黑酥餅

❶ 在「蕈菇酥餅」的麵團中添加竹炭粉，使其呈現黑色，並像蕈菇酥餅一樣烘烤。

❷ 在①上放蘑菇奶油、香菇粉、大蒜蛋黃醬（Aioli）和左手香（aromaticus），然後放上切半圓形的蘑菇。

開心果苔蘚

❶ 將奶油乳酪（cream cheese）和蘭姆葡萄乾混合在一起。

❷ 將①以夏威夷果仁（macadamia nuts）碎包裹起來，然後撒上開心果粉。

❸ 放入鋪有開心果粉的碟子上。

百合根蒙布朗

→請參照第143頁

森林可樂餅

❶ 將馬鈴薯煮熟後濾掉水分。

❷ 在①中混合蘑菇碎（mushroom duxelles），用鹽調味（根據季節，可以添加松露粉）。用竹炭粉使其呈現黑色。

❸ 將②沾裹上蓬鬆的貝涅麵糊（beignet）後用油炸至金黃。

❹ 碟子中鋪上代表示土壤的食材碎粒（省略解說），然後將③放在上面。

森林清湯

❶ 將乾燥的蕈菇（如牛肝蕈、香菇、繡球蕈、松茸等）在70℃的礦泉水中加熱，提取風味後過濾。

❷ 在①中加入水泡的昆布高湯（來自北海道禮文島產的香深昆布）和雉雞高湯。

❸ 加熱②，然後放入①的蕈菇。

完成

❶ 在擺滿樹葉、樹枝和松果等裝飾的大盤子上，盛上蕈菇酥餅和蕈菇黑酥餅。

❷ 添加乾冰製造煙霧效果。

❸ 與裝有開心果苔蘚、百合根蒙布朗、森林可樂餅和森林清湯的盤子一同供應。

喜知次／毛蟹
紅甜椒／番茄／草莓

（彩色144頁）

—

［製作方法］

完成

❶ 將紅甜椒汁（→145頁）倒在盤子裡，擺放毛蟹（→145頁）和用昆布高湯短時間燙熟的喜知次。

❷ 將剁成細絲的青蔥和山菜（大葉擬寶珠うるい）放入冰水中。瀝乾水分備用。

❸ 在①上撒②，並淋上橄欖油。

宛若青蘋果
牡蠣／厚岸威士忌

（彩色146頁）

—

［製作方法］

→請參照147頁

牡丹蝦／帶廣山西農園產百合根“月光”
龍蒿／茜色澄清湯

（彩色148頁）

—

［製作方法］

牡丹蝦

將牡丹蝦去殼並去除背部的腸泥，然後迅速浸入鹽度爲2%的冷昆布高湯中。

完成

❶ 在碗中倒入稍微加熱過的茜色澄清湯（→149頁），然後放上切成易於入口大小的牡丹蝦。輕輕撒上少許鹽。

❷ 搭配百合根（→149頁），撒上黑胡椒。裝飾上龍蒿和三色菫花，淋上橄欖油。

春天來臨
鯡魚卵／蜂斗菜／帆立貝

（彩色150頁）

—

［製作方法］

油菜花泥

❶ 將油菜花的莖和葉（花朵留作最後裝飾用）放入加有小蘇打的滾水中稍微燙熟。

❷ 將步驟①和昆布高湯一起放入攪拌機中攪打均匀，使用增稠劑（Sosa黃原膠xantana）增加濃稠度。

黃色醬汁

將黃色的甜椒、芒果和柚子放入慢磨榨汁機中榨出汁。

完成

❶ 將帆立貝從殼中取出並清洗，切成三等分。

❷ 將步驟①、剝開的鯡魚卵（→151頁）和油菜花泥倒入盤中，再倒入黃色醬汁。

❸ 放上油炸蜂斗菜（省略解說），擠上昆布泡沫Espuma（→151頁）。

❹ 灑上橄欖油，點綴上油菜花的花瓣。

北海道的冬季景色／一片銀白世界
Le Musée沙拉・2020 Version

（彩色152頁）

—

［製作方法］

蔬菜與蔬菜泥

使用以下的蔬菜和香草。

蔬菜／蘿蔔的醃漬（黑、白）、白芝麻、蕪菁、馬鈴薯（May queen品種）、百合根、青花菜、胡蘿蔔的醃漬、小洋蔥、蓮藕、紫花苜蓿、香菇、蘑菇、大蔥等

熱蔬菜／小白菜、青花菜、2種類型的甜椒、櫻桃蘿蔔、西洋芹等等

裝飾用的草藥／菊苣、蔥白絲、巴西利、蒔蘿、蒔葉、鼠尾草、豆苗等

醬汁／大蒜蛋黃醬、白葡萄酒油醋汁（白乳酪fromage blanc）、白葡萄蜂蜜油醋汁等

蔬菜泥／花椰菜、蕪菁、塊根芹、黑蘿蔔、白蘿蔔等

完成

❶ 將材料分別烹調好，均勻地盛放在玻璃盤中。

❷ 撒上北海道興部町產的乳酪刨絲，加上薄片生火腿作點綴，再擺上貝斯（La berce）的泡沫（→153頁）。色彩鮮豔的蔬菜應該放在泡沫下方。

❸ 在客人面前加入鮭魚高湯（→153頁）。

循環／從森林到海洋
（彩色154頁）

—

［製作方法］

完成

❶ 在盤子中盛放鱈魚白子（→155頁），在上面輕輕放上薄片生火腿。加入少量生薑汁。

❷ 輕輕放上薄片蘑菇，撒上蘑菇粉（→155頁）和刨碎的柳橙皮。

❸ 在客人面前倒入蘑菇高湯（→155頁）。

噴火灣河豚／多種變化
（彩色156頁）

—

［製作方法］

蒸河豚

將河豚肉切成約30g，中等厚度的魚片，撒上鹽。放在盤子上，蓋上保鮮膜，用70°C的蒸氣對流烤箱蒸3分鐘。

白子的奶油白醬

❶ 將蔥頭灰和清酒煮至濃縮。

❷ 將①中加入切成小塊的冷奶油和白子泥（→157頁「白子凍」的步驟2），進行混合（monté）。

❸ 加入柚子果汁、柚子皮碎、雞醬*和生薑汁，用鹽調味。

＊ 雞醬（けいしょう）是一種發酵調味料，主要由北海道三笠市產的雞內臟製成。

完成

❶ 在盤子中盛放兩片蒸河豚，倒上白子的奶油白醬和番紅花澄清奶油saffron beurre clarifier（省略解說）。在其中一片河豚肉的切面上放金蓮花葉，另一片上放柚子皮。

❷ 將河豚的白子凍（→157頁）淋上薑汁和細香蔥油，附在一旁提供。

海洋／單色描繪
蝦夷鮑／香菇
（彩色158頁）

—

[製作方法]

香菇

❶ 將香菇（王様しいたけ品種）切成兩半，在鋪有少量橄欖油的鍋子中煎至切面上色。

❷ 拌入奶油，撒上鹽。

完成

❶ 未打發的醬汁（→159頁），取出少量，溶入竹炭粉，使其呈現黑色。在盤子上繪製線條和點。

❷ 在①的盤子中盛放蒸鮑魚（→159頁）和香菇，舀入打發成泡沫的醬汁（→159頁）。

❸ 附上黑橄欖醬、發酵大蒜泥、竹炭粉製成的瓦片 Tuile（省略解說）。

土壤的漸層
牛蒡／札幌黃色義大利麵餃
（彩色160頁）

—

[製作方法]

麵餃 Ravioli

❶ 將洋蔥（札幌黃品種）用奶油慢炒。

❷ 加入北海道興部町產的乳酪刨絲，用鹽調味。

❸ 用北海道產北野糯小麥製作的麵餃皮（省略解說）包起②，用白色高湯煮熟。

牛奶泡沫

在加熱的牛奶中融化10%份量的奶油，加入乳化劑（Sosa sucro emul）。使用手持攪拌器攪打成泡沫狀。

完成

❶ 在碗中倒入牛蒡泥（→161頁），放上麵餃。

❷ 加上牛奶泡沫和牛蒡精萃泡沫（→161頁），撒上牛蒡粉（省略解說）。

❸ 在客人面前倒入雉雞清湯。

蝦夷馬糞海膽／生海苔／香深昆布
（彩色162頁）

—

[製作方法]

大麥（barley）燉飯

❶ 將大麥和白米洗淨後一起煮熟。

❷ 在鍋中融化奶油，加入①和高湯燉煮成燉飯。

❸ 在碗中放置環形模具，倒入②，製成圓形。放上海膽，盛上半熟蛋黃。

❹ 撒上鹽之花，點綴1根新鮮的細香蔥。

完成

同時供應大麥燉飯和蝦夷馬糞海膽（→163頁）。將海膽倒在燉飯上，攪拌後享用。

異國風情
鮟鱇魚／椰奶／青檸
（彩色164頁）

—

［製作方法］

完成

❶ 在碗中倒入細香蔥油、雞醬、青檸汁、薑汁、巴西利泥（省略解說），再盛上以奶油燉煮的菠菜。

❷ 在菠菜上面放蒸鮟鱇魚（→165頁）和椰奶泡沫（省略解說）。點綴香菜嫩芽。

❸ 同時供應②和泰式酸辣湯（→165頁），在客人面前倒入泰式酸辣湯醬汁。

牛仔／灰色針織／海軍藍
（彩色166頁）

—

［製作方法］

馬鈴薯

❶ 使用馬鈴薯（音更町產熟成メークイン品種），在100℃的蒸鍋中蒸煮40分鐘至1小時（根據上菜時間而調整）。

❷ 將馬鈴薯切成直徑2cm、高度3cm的圓柱形狀，再從中間挖出約1cm的空心部分。

灰色慕斯

將牛奶100g、鮮奶油50g、酸奶油（興部町產）150g、糖10g、甜雪利酒醋2g、竹炭1g、關華豆膠（Galactomannan）0.2g混合在一起，倒入虹吸氣壓瓶中。放入冰箱冷藏。

完成

❶ 將魚子醬填入馬鈴薯中，擠上灰色慕斯。

❷ 將①盛入盤中，倒上海軍藍醬汁（→167頁）。

細緻層次
蝦夷鹿／牡蠣
（彩色168頁）

—

［製作方法］

牡蠣

❶ 先用昆布高湯把牡蠣輕輕煮一下，稍微把表面擦乾。

❷ 用稻草進行短時間燻製。

牡蠣汁

❶ 取出開牡蠣殼時流出的液體。

❷ 將①過濾，加入適量的酸橙汁調味。

蘑菇

將北海道產的蘑菇（とかちマッシュ品種）切成小塊，用奶油快速煎炒，以鹽調味。

完成

❶ 在木盤上放炒蘑菇，加入蝦夷鹿肉（→169頁）。撒上薄切的茗荷。

❷ 在①的旁邊放牡蠣，添上檸檬泥（省略解說）。

❸ 淋上牡蠣的汁，加入橄欖油。撒上乾燥的Sikerpe（シケレペ）的果實，舀入Sikerpe的泡沫（→169頁）。搭配穿葉春美草（Claytonia perfoliata）、歐蓍草（鋸草）、三色堇花裝飾，再點綴乾燥的Sikerpe粉。

系列名稱／Easy Cook
書名／法式料理 LE HORS-D'ŒUVRE的創新與策略：
經典與現代新前菜的完美結合
作者／Lionel Beccat・工藤 健・川手寛康・柴田秀之・石井 誠
出版者／大境文化事業有限公司
發行人／趙天德
總編輯／車東蔚
文 編・校 對／編輯部
美編／R.C. Work Shop
地址／台北市雨聲街77號1樓
TEL／(02)2838-7996
FAX／(02)2836-0028
初版日期／2023年9月
定價／新台幣 890元
ISBN／9786269650842
書號／E132
讀者專線／(02)2836-0069
www.ecook.com.tw
E-mail／service@ecook.com.tw
劃撥帳號／19260956大境文化事業有限公司

FRANCE RYORI NO ATARASHII ZENSAI
© SHIBATA PUBLISHING CO., LTD. 2020 Originally published in Japan in 2020 by
SHIBATA PUBLISHING CO., LTD.Tokyo.
Traditional Chinese translation rights arranged with SHIBATA PUBLISHING CO., LTD., Tokyo.,
through TOHAN CORPORATION, Tokyo.

國家圖書館出版品預行編目資料

法式料理 LE HORS-D'ŒUVRE的創新與策略：
經典與現代新前菜的完美結合
Lionel Beccat・工藤 健・川手寛康・
柴田秀之・石井 誠 著；初版；臺北市
大境文化，2023[112] 208面；
19×26公分（Easy Cook：E132）
ISBN／9786269650842
1.CST：食譜　2.CST：烹飪　3.CST：法國
427.12　112013833

請連結至以下表單填寫讀者回函，將不定期的收到優惠通知。

攝影
鈴木陽介(Erz)／エスキス、フロリレージュ、
ラ クレリエール
熊原哲也／メゾン・ラフィット、ル・ミュゼ

アートディレクション・デザイン
吉澤俊樹(ink in inc)

編輯
丸田 祐

本書內容嚴禁擅自轉載。若有錯落頁時，將予以更換新書。對本書籍擅自無由影印、掃描、電子化本書等複製行爲，
除著作權法上之例外，都被嚴格禁止。委託代行業者等第三者，進行掃描、電子化本書等行爲，
即使用於個人或家庭內，都不見容於著作權法。本書刊載之內容著作權歸屬作者。
嚴禁擅自使用，禁止用於展示・販售・租借・講習會等。

Printed in Taiwan